FASHION DESIGNERS' SKETCHBOOKS

国际时装设计师创作过程与手稿

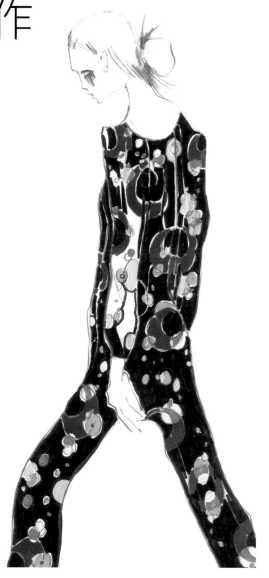

（英）海韦尔·戴维斯 著

刘 静 鲁建立 译

U0377476

东华大学 出版社

·上海·

图书在版编目（CIP）数据

国际时装设计师创作过程与手稿／（英）戴维斯著；刘静，鲁建立译.一上海：东华大学出版社，2015.3
ISBN 978-7-5669-0705-9
I.①国… Ⅱ.①戴… ②刘静… ③鲁… Ⅲ.①时装-绘画-作品集-世界-现代 Ⅳ.①TS941.28

中国版本图书馆CIP数据核字（2015）第009680号

本书简体中文版由英国Laurence King Publishing Ltd.授予东华大学出版社有限公司独家出版，任何人或者单位不得转载、复制，违者必究！

合同登记号：09-2014-239

责任编辑　谢　未
编辑助理　李　静
装帧设计　王　丽　刘　薇

国际时装设计师创作过程与手稿
Guoji Shizhuang Shejishi Chuangzuo Guocheng yu Shougao

著　　者：（英）海韦尔·戴维斯
译　　者：刘　静　鲁建立
出　　版：东华大学出版社
　　　　（上海市延安西路1882号　邮政编码：200051）
出版社网址：http://www.dhupress.net
天猫旗舰店：http://dhdx.tmall.com
营销中心：021-62193056　62373056　62379558
印　　刷：上海利丰雅高印刷有限公司
开　　本：889 mm×1194 mm　1/16
印　　张：13
字　　数：466千字
版　　次：2015年3月第1版
印　　次：2015年3月第1次印刷
书　　号：ISBN 978-7-5669-0705-9/TS·578
定　　价：78.00元

目录

引言

"对我而言，设计工作最为精彩绝伦的部分就是刚刚开始的时候，此刻，我的想象力最为热情狂野"，法国时装设计师安妮·瓦莱丽·哈什（Anne Valerie Hash）如是说道。《国际时装设计师创作过程与手稿》一书以第一手的洞察力，探索了当代时装设计师进行时装设计的种种方式。它记录了设计师们为不同季节服装设计的理念创新所采用的多种方式，书中涉及到多种多样的设计平台、设计过程和设计方法。

对设计师来说，速写本不仅仅是大部头的卷册，是能促进调研、收集作品、支持设计开发并传达新时尚理念的具体表现，它们还代表着某个主题从最初的探索到实际服装的生产所经历的发展路线。正因为如此，速写本不仅以书本的形式存在，也存在于设计师的头脑之中、设计工作室的墙上以及设计师们的日常活动之中。

"自我放纵、一丝不苟、艰苦曲折、欢欣愉快、多姿多色，甚至相当有组织性。"霍利·富尔顿对（Holly Fulton）自己的设计方法进行了如是定义，突出表现了设计师的设计过程既愉快又痛苦，是个痛并快乐着的过程。克里斯托弗·香农（Christopher Shannon）与之相呼应，说明设计的创造性挑战在于这个过程可谓"苦乐参半。"

奥兰·凯利（Oria Kiely）也指出了设计工作所涉及的辛勤工作，强调了编辑过程的重要性。他说："设计具有挑战性，尤其是为了获得最后得到认可的理念，设计师不得不运用繁复的排除法。"用"珍珠之母"（Mother of Pearl）品牌的设计师艾米·波尼（Amy Powney）的话来说，情况尤为如此："所有的季节里，这个行业都没有时间对设计过程进行实验。这个过程通常建立在逻辑和速度的基础之上。"从这个方面来看，对当代时装业日益增长的需求也对设计过程产生了冲击。

从积极的方面讲，抽出时间为某个发布会进行调研对卢·道尔顿（Lou Dalton）来说却是一种享受："这就像放一个短假，因为我总是感觉时间紧迫，这样的短假就成了一种奢侈。我会利用这段时间去参观展览、看场电影或去玩，而我也经常因为这类活动灵光一闪，想到一个好主意。"

设计师郑玉俊（Juun.J）认为调研的方法并不单一："有时候，我整天泡在书店里，有时候整天在网上冲浪。而最为重要的是跟很多人交谈沟通。这里我说的'人'不仅仅指时尚界人士，也包括来自在完全不相关领域的从事各行各业的人们。有时候，他们会成为我的设计理念和情绪的源泉。"

迈克尔·范·德·汉姆（Michael van der Ham）也表明时装设计师的工作方式具有多样性。"我当然拥有某种特定的工作方式，但是总有例外情况，每个发布会都以截然不同的方式得以完成。所以各个季节大相径庭。有的时候，你过去习惯的工作方式似乎不再适合，你也希望尝试不同的东西。"

和同时代的许多设计师们一样，奥利弗·斯宾塞（Oliver Spencer）认为，设计过程是一个连续不断的活动过程："我一直在进行调研，甚至在骑自行车时也不例外。我是一个很直观的人，所以我无须真的坐下来把某样东西画出来。我可以在头脑之中看见关于它的一切。"凯文·克兰普（Kevin Kramp）同意这种想法，认为调研是日常生活的一部分，他说："我怎么强调在日常生活中进行观察的重要性都不过分，对日常生活的观察让我更加了解自己的工作。我极少依赖与大众媒体相关的图像或已有的设计作品来获取灵感。"

同样，岛田顺子（Junko Shimada）也认为调研作为生活的一部分。她说："总体而言，我的灵感来自生活、会面、展览和我的家人。我是一个率性自然的人，这一点在我的作品中得到描绘。"对此詹姆斯·朗（James Long）表示首肯："调研是不断地收集各种观念。有时候我不知道自己在做调研，甚至不知道自己能用它来做什么，但它切实存在。"

克里斯托弗·香农探讨了在设计过程中绘画的必要性这一反复出现的主题："我从小就热爱绘画，因此我的工作室里到处都有一张张图画。"霍莉·富尔顿对绘画这种传统技艺同样情有独钟，她说："素描绝对是我的最爱。我喜欢整理自己珍爱的意象并根据它尽可能快地进行描绘，对我来说，没有什么比这么做更令我兴奋的事了。"

而与富尔顿和香农截然相反，桑姆·布朗尼（Thom Browne）坦言道："我的设计过程主要存在于我的头脑之中。我的头脑就是个令人惊异的绘画师，但是脑中的素描似乎无法转化为手中的图画。"新技术让像布朗尼和玛丽·卡特兰佐（Mary Katrantzou）一样的设计师们的工作越来越数字化。"最最不可或缺的是计算机。"卡特兰佐解释道，"我从所发现的图片中受到启发获得灵感，我会花上几个小时专注于某个主题的调研……，有时，我的发现是一个艺术家谈论个人作品的在线视频，有时我的发现更加直观。重要的是，我常用Photoshop进行工作，电脑已经成了我设计过程中极为重要的部分。"

对时装的调研几乎从不以当下的时装作为起点，因为设计师的灵感远远比当下更具多样性。安托万·彼得斯（Antoine Peters）告诉我们："我喜欢各种学科的融合，就是这种融合让时装对我来说达到登峰造极的极致状态。如此多的世界相互碰撞形成一个全新的世界。"

作为不安全感和创新的一个平台，速写本让设计师对自己的想法、理念进行整理、编辑和返工。对于形成阶段的涂鸦、拼贴画、照片、设计图纸、立体剪裁工作、排列效果、布样和插图，速写本是一种媒介，让设计师得以探索他们的灵感并探索创造时尚的新途径。设计师们起早摸黑，为了让新理念得到实际的表达，常常在深夜和清晨在设计工作室里聚精会神、埋头苦干。速写本可以是非常个性化的，因此，本书可以让读者有机会和荣幸去了解当代时装设计师的生活和创作。

马里奥·施瓦博（Marios Schwab）总结了速写本所发挥的重要作用，他提醒我们，尽管面临着创意之旅的挑战，设计解决方案总能提供创意的极致实现。"每一天，当你实现了某个设计或者技术的时刻，你都会享受到满足感，发现自己的理念或想法得到实现是一种极棒的感觉。"

阿比盖尔·格拉斯（Abigail Glass）生于佐治亚州亚特兰大，起初受到激励，打算从事科学事业，但随后设计的魅力促使她在罗德岛设计学院求学。在那里，她两次获得荣誉奖学金。格拉斯曾在卡尔文·克莱恩品牌（Calvin Klein）的设计师马克·雅可布（Marc Jacobs）和弗朗西斯科·科斯塔（Francisco Costa）手下工作。

格拉斯认为自己的风格特点是"经典的娴雅"并带有"动感的和怪异的特性"，这反映了她的理念，认为女性的着装更应合乎她们自己的心意。

阿比盖尔·格拉斯

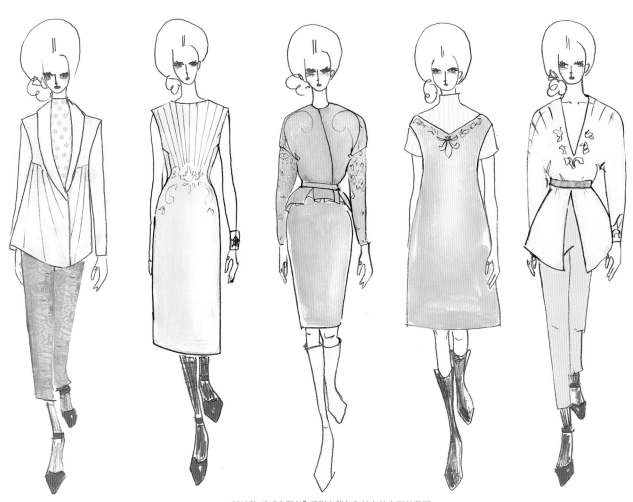

2012秋/冬"太阳谷"系列中蓝色和粉色的太阳谷草图

彰马棉布在热水中染色后等待降温，此面料用于2013春/夏服装"曙光女神（Aroura）"系列的橙红色毛织鸡尾酒礼服

ABIGAIL GIASS

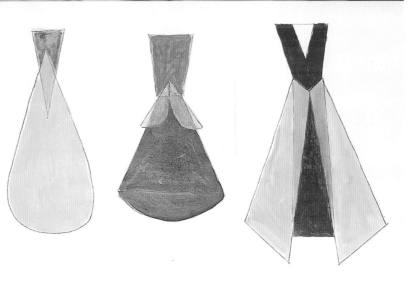

2012春/夏"活检组织（Biopsy）"系列对几何形状的探索，将简单的形状重叠在一起，用以探索彩色彼此阻挡的概念以及在2D空间中的立体感

您如何形容自己的设计过程？我的设计过程容易受到情绪的影响。一幅画、一个地方、一幢建筑或一个故事的情感或动力常常会赋予我灵感。我组织色彩，用灵感创建我的女主角。我会设想她的生活方式和情感模式。她正往何处去，她的同伴是谁？然后再相应地选择面料和形状来讲述她的故事。一开始，我会做大量的实验，把复古的布料在女体模型上进行立体剪裁，把几何形状在女体模型上分层摆放以查看效果。

调研在您的设计中发挥何种作用？对我而言，在设计过程中调研和实验不可或缺。我的设计如同科学实验室的工作：我拥有一个控制键，然后让特定变量井然有序地创建我所希冀的形状和立体剪裁效果。我用几何形状绘制相当多的2D效果来获取正确的比例效果和立体感，然后一遍又一遍地把图画转化成3D立体形式，一直到得到恰到好处的效果为止。除了进行大量的实践工作，我也对其他艺术家、设计师和一些地方进行深入的历史调研，这些人和地方有助于我形成自己的独特观点。让自己迷失在图书馆里的书海之中时，我常常对自己所发现的一切惊讶不已。

您的设计过程是否涉及摄影、绘画和阅读？我的工作室里一直放着一个照相机。我喜欢做立裁，然后拍照，然后在照片上直接进行工作。要是形状不够好看，我会重新画，直到我明白应该以何种方式进行立裁。要是工作涉及数码印花或者定制染色，我会用电脑来模拟印花的位置和比例。如果我不明白如何制造某种东西，我会绞尽脑汁自己去弄明白，实在不行我才会上网阅读相关文章或者观看YouTube视频。大多数时候，我独立地解决困难，这样给工作增添了一个独特的维度。不过有时候也会造成一个彻底的灾难！阅读传奇艺术家、设计师和名人们的历史访谈录也能启发灵感。他们通常与特定的服装系列或者设计无关，但是当我想象他们的个性时，他们赋予我进行创造性思维的能力。

什么是您的设计过程中最令人愉快的部分？我热爱购买布料。这可能是创造一个系列产品时最鼓舞人心的部分。就在此时，所有一切超越了一个单纯的概念，开始呈现出自己独特的生命。有时候，我会对某个系列产生明确的构想，然后我会爱上某种布料，然而该布料却与我想象的背道而驰，而就在那个时候，你会知道这种布料很好。

是什么推动您的设计过程？我热爱旅行，钟情于罗曼蒂克的老电影，喜欢生物的图像。这些可能是我的设计过程最最稳定的支持。我总是试将文化的历史感和自然的美感融合在一起。要把众多参考点聚集起来打造时尚服装的挑战正是推动我继续前行的动力所在。

您使用何种资源作为灵感来源？浪漫电影中意志坚强但诡异离奇的经典女性是我的最爱。我喜欢电影《偷龙转凤》中的奥黛丽·赫本（Audrey Hepburn）和《水上人家》中的索菲亚·罗兰（Sophia Loren）。我喜欢把经典古雅的迷人图符与更怪异、更有运动风范的人，更像我本人的人混杂在一起。我的父亲是位神经科医生，所以我最近特别喜欢观察他的大脑和肌肉活检来获取色彩和印花方面的灵感。我最近喜欢上了滑雪。我创作的一个系列就是尝试寻找寒冬之美的过程，因为风景和运动令人如此生机勃勃、精神振奋。

在您的设计过程中不可或缺的材料是什么？我必须使用软铅笔和马克纸画图。石墨顺利地在纸上滑过，这让我更容易画出自信的线条。我也喜欢用水彩画，因为它能赋予严谨的素描图一种无拘无束的感觉。

您的设计过程是否总是遵循相同的路径？我会反复进行试验。因为我绘制草图和缝制服装的速度相当快，所以我喜欢表现一件服装的多种变化。多次制作某件服装的行为本身就有助于该服装的发展变化。有时，将布料进行立体剪裁的好想法在成为最终的服装之前会经历多次反复。

得知某个设计可行之际，是否有那么一刻，您会欢呼一声"我发现了"？在设计过程中，我经常会有"我发现了"的时刻。每当一个小细节变得清清楚楚、一目了然时，我就会更进一步接近自己可能热爱的东西。在设计中并不存在真正意义上的终点。即使是设计投入生产之后，我还总是希望它能进一步发展，不过那是下一个季节的工作内容啦！

您是否拥有钟爱的工作场所？我喜欢在户外工作。要是天晴，我会把工作室里的全部物件搬到外面。遗憾的是，在室内工作更有实效，所以绘制素描图时，我喜欢去图书馆或者把东西摊放在一张大桌子或者地板上。

一天里您是否在某个特定的时刻最有创意？临睡前我的创造力就开始奔流。我的一个床头柜是20世纪50年代的办公桌，在那里我放着一本速写本。夜里，我总是要起床把一些东西记下来或者把一些想法画出来，这样第二天早上醒来后，我还能记得清清楚楚。

您是否拥有参与设计过程的团队？设计过程中，我不跟团队进行合作。因为我的所有服装都是手工染色和缝制的，大件的服装会请朋友帮忙。

您的调研和设计工作何时从2D平面效果转换为3D立体效果？如何进行这一转换呢？我经常把2D平面的概念转换成3D立体效果。我发现，比起从纸张到布料的线性工作，在2D平面和3D立体层面同时进行的工作能提供更为深入的了解。在获得纸上的最终设计之前，我经常遇到3D立体问题。

您是否使用速写本？如果使用速写本，您会如何从视觉角度描绘它呢？我喜欢一次性看到很多的想法，因此常常用活页纸进行工作，然后用图钉把纸张订在大泡沫板上。打算做进一步工作时，我就把草图或样布放进一本8.5英寸×11英寸的黑色笔记本里。我的速写本糊里糊涂、杂乱无章。正是这未经编辑的过程让我能够完善和修改自己的作品。我从不丢弃任何东西。我有一个大档案室，把参考图片放在活页夹里，把参考服装放在一个架子上。

速写本中关于2012秋／冬服装"太阳谷"系列的一页。本页简要描述了正面有涡纹图案提花垫纬凸纹设计的缎面直筒连衣裙的制作过程。先是在纸上以不同比例剪下涡纹图案的形状放置在坯布上。随后将涡纹图案的形状放到正确的面料上，加上适量的棉絮，最后将形状转换到连衣裙上

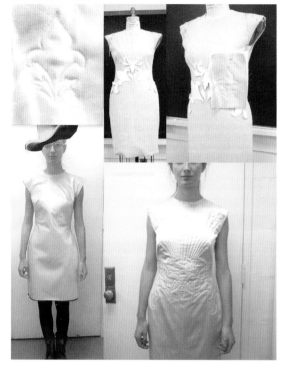

您认为自己的调研属于个人的努力还是团队的合作？我认为调研是自己的灵感与本人的通力合作。要是我在调研20世纪80年代穆勒套装的装饰短裙，蒂埃里（Thierry）本人就在为我上课，而我就在聆听教诲。我的品位把我引向特别的参考素材，但总是其他人，是过去或者现在的人帮助我发现新事物。

2013春／夏"曙光女神"系列渐变色裙装的浸染样品。阿比盖尔·格拉斯称："我喜欢小范围地使用比例和颜料并将其融入草图中。"

2012秋／冬"太阳谷"系列的排列效果草图。"这是我构思色彩和比例的方式，在此系列中色彩和比例是两个最为重要的因素。"格拉斯解释道，"我可以眯起眼睛观看这样的拼图，看看遗漏了什么。"

安德拉斯克服装发布会之前的速写本中的一页，展示了衣架上一件T恤形状的、解构的、腰部有多层荷叶边装饰的裙装以及关于服装结构、面料和款式的笔记

亚当·安德拉斯克
ADAM ANDRASCIK

在美国宾夕法尼亚州匹兹堡出生和成长，女装设计师亚当·安德拉斯克曾就读于英国著名的服装设计学府中央圣马丁艺术与设计学院，目前在伦敦发展。他于2010年获得硕士学位，这里展示了强调精致的解构主义理念、充满现代感、呈现极简主义的一个服装系列。

安德拉斯克2011/12秋/冬服装系列速写本中的一页，展示了服装的色彩理念以及领口的开合

用浅色和中性色调的面料营造不同寻常的廓型并展示层次感，安德拉斯克创造了独特的服装系列。他在服装制作上的看法从萨尔瓦多·达利（Salvador Dali）的绘画作品中获得灵感。他呈现了引人注目、超现实主义的审美观，该观点参照了意大利时装设计师艾尔莎·夏帕瑞丽（Elsa Schiaparelli）的设计。他的2010/11秋/冬系列首场发布会的特色就是撕裂的面料和箱形廓型。

安德拉斯克2012/13秋/冬系列选择了更加微妙和复杂的方法，使用一层层剥离的呈对比的面料和图形线条，形成大胆的雕塑作品，并在中性色调中穿插钴蓝色的闪光。安德拉斯克对可穿戴艺术素有浓厚的兴趣，他坚信自己的服装系列是艺术与时装之间的桥梁。

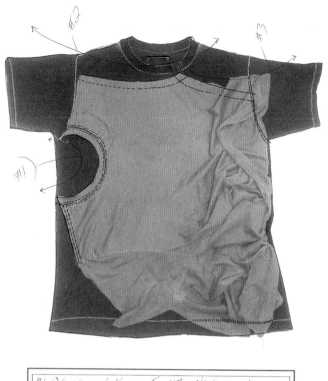

安德拉斯克2011/12秋/冬服装系列速写本中的一页，展示了设计细节的表现，特别是服装结构的方面，例如门襟的位置以及服装开合的地方

#1 CF. NL w/ ½cm Top Stitch at Seam edge
#2 Highlight Seamed area w/ 1½ CM Topstitch
#3 Raw edge Section w/ ¼cm Topstitch

安德拉斯克在中央圣马丁艺术与设计学院攻读硕士期间一个项目速写本中的一页，展示了从两个标准T恤形状拓展出解构的皮革上衣的理念

您是否使用速写本？读大学时，我试过在真正的素描簿上绘制草图。不过工作的时候，我需要把一切摆放在面前查看，所以我用零散的纸张绘图。我用黑白两色绘制素描，有时候在图上添加色彩，要不就把布料直接订在纸上。我根据服装或者廓型分开纸页，剪切出最好看的，然后把它们重新并排在一起，最后审视它们在一起的效果。

您如何形容自己的设计过程？通常情况下，我的设计过程开始于我进行试验的某个细节或者某种面料加工工艺。我常常致力于构建服装的理念或者以出人意料的方式创造具体的细节，例如，我会探索将两种不同面料连接起来的新方法，或者寻找给服装镶边的不同方式。廓型是一个独立的理念，这个问题的出现稍稍延后，而且似乎总是与设计细节有所冲突，不过，这正是设计过程中让一切都变得趣味盎然的一个环节。

调研在您的设计中发挥何种作用？每个季节的调研过程都以对上个季节的服装系列进行深入的观察调研开始。要挑出成功出色的部分和依然赋予我灵感的东西，还要去除看似无趣的或者过火的一切。我会写下关于某个细节或廓型如何演变发展的系列想法，不论是增大体积、缩短袖子还是改变领口。然后我会对杂志和书籍进行大量调研，挑选出不甚熟悉的作品，不论这些作品是以艺术还是以服装为基础的。我也尽量不让自己深陷调研的泥沼，所以我把一切都编辑成5到10张图片。例如，我从大约150张的调研图片中挑出了5张图片，我就是根据这5张图片创作了当时的研究生毕业作品。

您认为自己的调研属于个人的努力还是团队的合作？我的调研完全是亲力亲为，但是在整个设计过程中，我会跟制板师和技工合作，用最为简单、最为有效的方式制作每件服装。

您的设计过程是否涉及摄影、绘画和阅读？各个服装系列的设计过程总是各有千秋。起初，我会进行大量的绘图和制作坯布，我也会进行少量的摄影工作，不过这个我不是很在行，所以倾向于弃置大多数摄影图片。我一直在读一些东西，阅读对我的服装系列的情绪会产生影响。

什么是您的设计过程中最令人愉快的部分？对我而言，设计过程中最令人愉快的部分就是将布料运用到设计中。关于打算使用织物的类型，我从来没有确切的打算，都只有一种大体上的感觉。就是这最后一点，我会特别有有创意，往往我的作品比起起初的概念会发生完全改变，变得更为独特。

是什么推动您的设计过程？我倾向于将可穿戴艺术作为多数面料创造的起点。所有一切，从廓型到色彩，到制作，几乎总是基于我之前从未使用过的灵感。

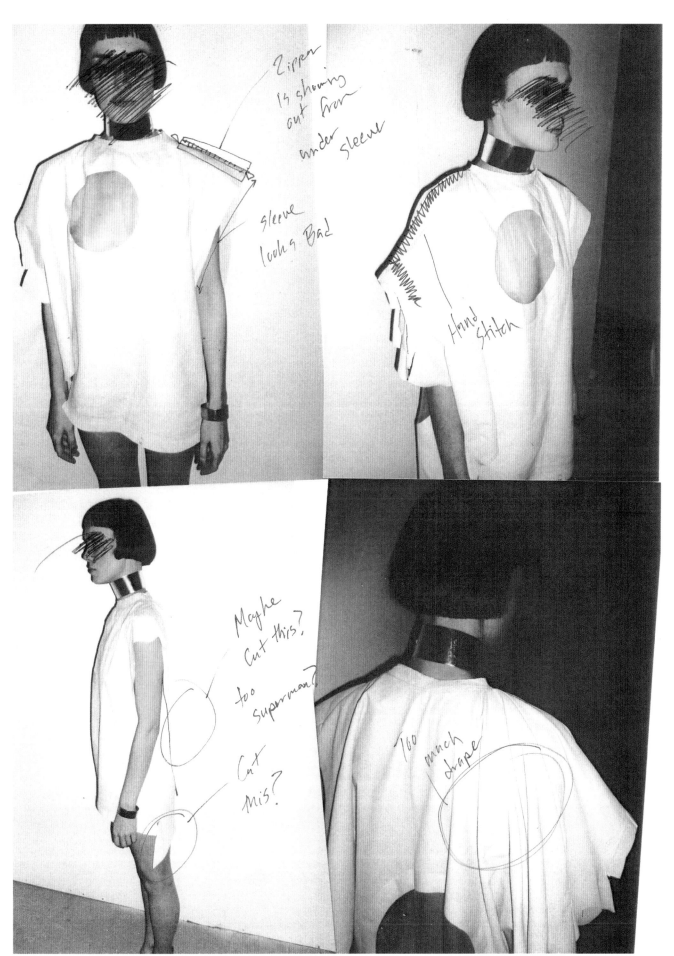

安德拉斯克攻读硕士期间速写本中的一页，展示了在解构的皮革上衣上使用手工刺绣和明缝的理念

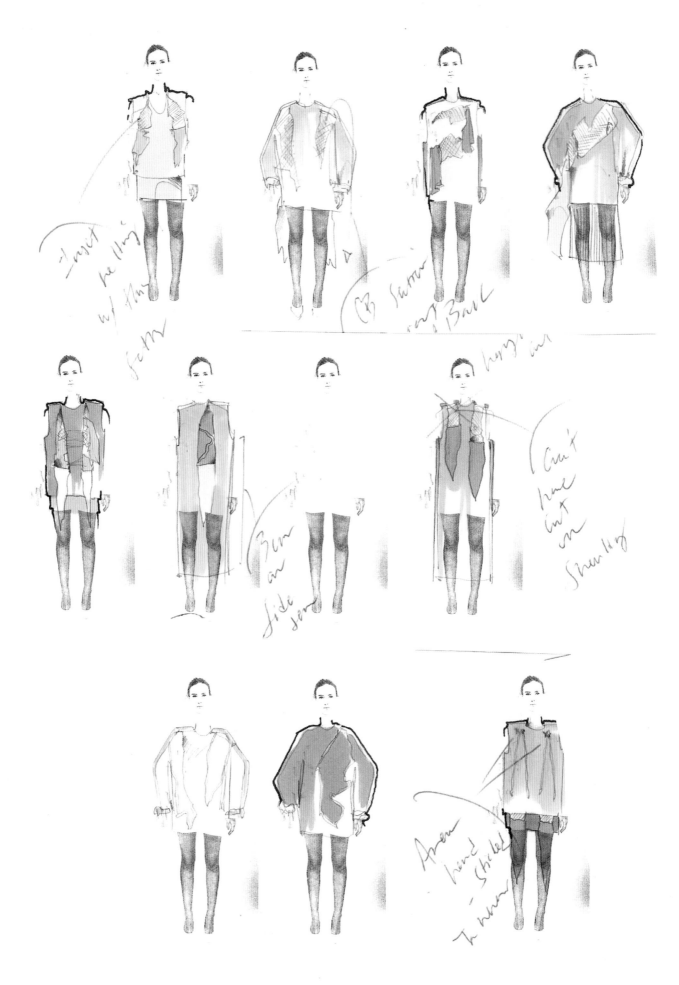

安德拉斯克攻读硕士期间速写本中的一页，展示了快速设计的理念

您使用何种资源作为灵感来源？您是否经常重温某些资源？每个季节，我的灵感总是来自不同的资源。最近我看了很多科幻片，如《命运之门》，我还阅读了相当多的美国西部小说，如科马克·麦卡锡（Cormac McCarthy）的《血色子午线》。我通常不从字面意义上去看待这种类型的灵感，但它总会影响作品的情绪。通常情况下，它会潜移默化地渗入到我所采用的色调中，或者影响诸如袖口的宽度或者纽扣的位置等小细节。

在您的设计过程中不可或缺的材料是什么？活动铅笔、比克牌黑色和蓝色圆珠笔以及普通的A4打印纸。

您的设计过程是否总是遵循相同的路径？我总是以特定的面料创造工艺开始工作，不过从那以后，一切有条不紊地进行。我会绘制一些草图，进行剪切，然后开始重新排列上装和下装。随后，我为最好的和最难的形状准备坯布，拍下照片，在打印的照片上进行描绘并作出适当的调整。如果行得通，我会做出完整的坯布和样衣。然后进行打板，并去除任何不必要的细节或接缝，将设计简化到最核心的部件。一切并非完全按照这个顺序进行，因为我的工作顺序取决于我希望达到的效果。

得知某个设计可行之际，是否有那么一刻，您会欢呼一声"我发现了"？在一个系列的设计过程中，我会经历两个这样的时刻。第一个总是面料创造工艺，第二是在取样期间。前几个样品几乎都被报废，但做到第五到七个样品的时候常有好事发生，一个理念得到清楚的呈现。这往往会让我厂里的人发狂，因为我接下来不得不返工所有的样品和规格说明书。这样做的确耗时冗长，可我好像无法用别的方式开展工作。

您是否拥有钟爱的工作场所？我早晨跑步或者深夜工作的时候总能获得最佳的想法。

一天里您是否在某个特定的时刻最有创意？晚上11点到凌晨3点之间。夜晚在空无他人的仓库里独自工作时候，总有什么东西激发我的肾上腺素，让我特别兴奋。

您是否拥有参与设计过程的团队？有一个自由职业者的技工和裁剪师每周过来两次，就制作和试穿为我提供建议。他们在服装秀前约六到八周开始加入，最后要实实在在地工作两个星期。我的团队成员年龄都在30岁以下，但大家都拥有令人难以置信的丰富的知识和共同的审美观。我们的工作环境非常平静、无拘无束。

您的调研和设计工作何时从2D平面效果转换为3D立体效果？如何进行这一转换呢？探索服装系列所需织物和画廊型草图时，大多数时候我以3D工作开始。在做样品之前，我要看到系列中所有的形状变化，因为平面纸样似乎永远无法达到我所需的效果。

安德拉斯克服装系列发表前速写本中的一页，展示了架子上半件服装的理念以及关于合体、结构和款式的笔记。

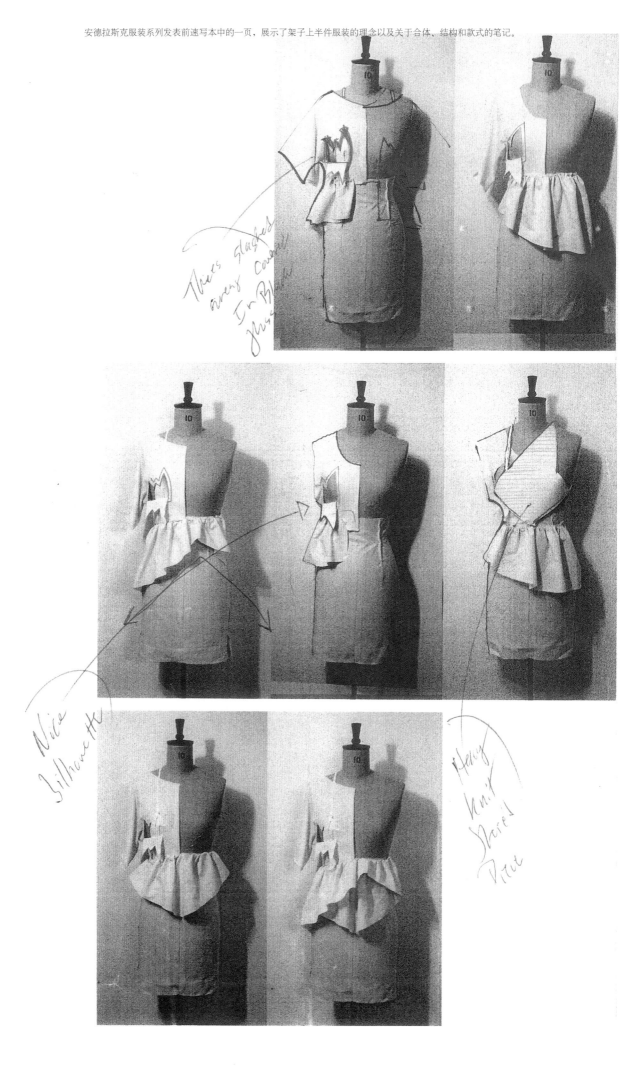

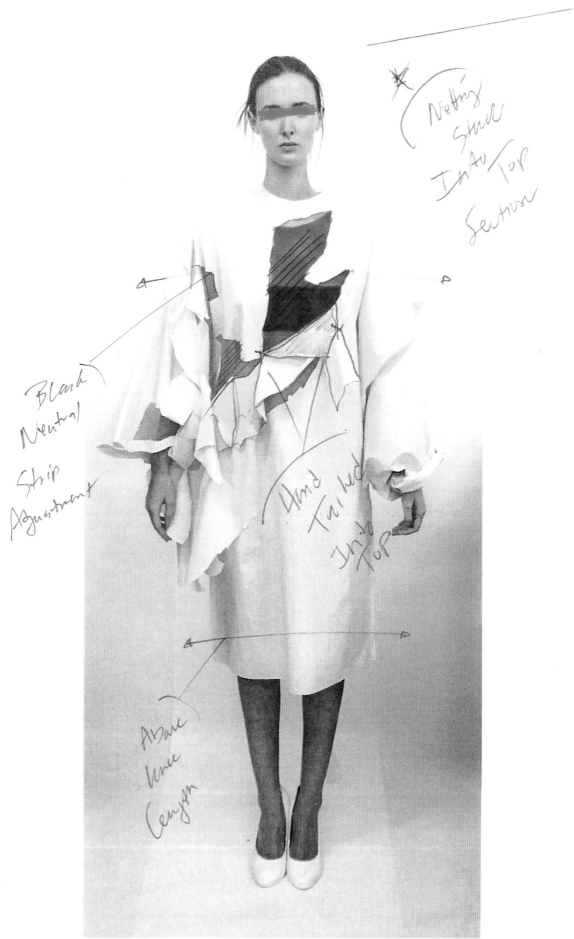

安德拉斯克攻读硕士期间服装系列速写本中的一页，展示了首个立体剪裁样品正面图，附有关于合体、款式的笔记

阿米娜卡·威尔蒙特

AMIAKA WILMONT

设计师马库斯·威尔蒙特和玛基·阿米娜卡组成设计团队阿米娜卡·威尔蒙特。威尔蒙特来自丹麦，先后在伦敦中央圣马丁艺术与设计学院和皇家艺术学院学习时尚男装的设计。他入围了在意大利举行的国际服装设计（ITS＃4）比赛的作品系列，曾以自由职业设计师和顾问的身份为多个时装品牌服务。玛基毕业于瑞典的布罗斯大学，专攻时尚女装。她后来迁居伦敦，在那里她曾为罗伯特·卡里–威廉姆斯（Robert　Cary-Wil-liams）、克莱尔·塔幅（Clare Tough）、安–苏菲·贝克（Ann-Sofie Back）和索菲亚·马里格（Sophia Malig）等设计师工作。

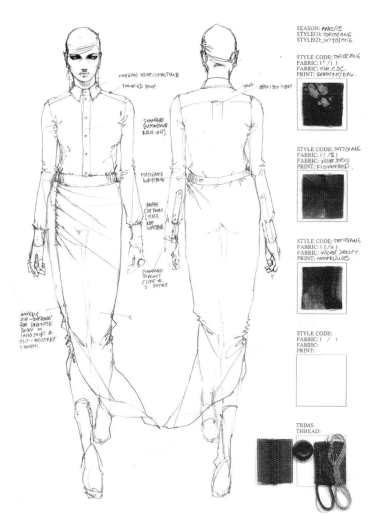

马库斯·威尔蒙特和玛基·阿米娜卡的服装草图，阿米娜卡·威尔蒙特2012/13秋/冬服装"体外"系列

在罗伯特·卡里–威廉姆斯的工作室里，这个斯堪的纳维亚二人组合初次会面，并将两人对先锋派的共同迷恋融合在一起，这个理念形成了他们自己个性品牌的基础。印花图案、水洗皮革、豪华丝绸和毛料强调了硬质剪裁和服装的柔性垂坠感。阿米娜卡·威尔蒙特品牌骄傲地展示了对形状和廓型的痴迷，设计的服装表现了视觉冲击力强、具有挑衅性的形式，探索裁剪与设计的关系。

阿米娜卡·威尔蒙特2012/13秋/冬服装"体外"系列主要的灵感和调研主题板。马库斯·威尔蒙特拍摄

您是否使用速写本？我们一直拥有相当数量的笔记、图像、照片和文字，这些都松散地放在一起，可以随时将它们分开。我们喜欢把所有的东西都挂在墙上或者摊放在地板上，目的是在混乱中制造秩序感。

您如何形容自己的设计过程？我们的设计过程建立在冲突的基础上。作为设计二人组合，我们各自拥有独立的设计方法和过程，以便能够创作自己坚定拥护的作品。然后我们把彼此的想法放在一起并解决随之而来的冲突，以此获得最佳的创作潜能和给人以美感的统一体。

调研在您的设计中发挥何种作用？通常我们会四处找寻灵感，收集尽可能多的我们认为有必要的、有趣的而且多样性的方向。然后，我们搜寻"本质"，它将汇聚成最为相关和最为重要的领域。

您认为自己的调研属于个人的努力还是团队的合作？属于纯粹的个人努力。

您的设计过程是否涉及摄影、绘画和阅读？设计过程主要是基于绘画，不过我们也探索其他的方法，有时候会把照片拼贴和人物刻画融入设计过程。

什么是您的设计过程中最令人愉快的部分？探索新东西，了解与之相关的一切，这给我们令人难以置信的满足感。就像走进了自己撰写的故事，亲身去体验故事中的一切。

是什么推动您的设计过程？我们总是在大自然里发现一些视觉成品，它们的完美和深度常常令我们感到自愧不如。作为努力创造美的设计师，与自然界巧夺天工、毫不费力的复杂性和简单性相比，我们的尝试永远显得那么微不足道。

您使用何种资源作为灵感来源？您是否经常重温某些资源？创造性依赖于原材料的多样性。我们允许所有吸引注意力的东西影响我们的设计过程，不论它们来自何种媒介。当然，书籍一直起着显著的作用。

得知某个设计可行之际，是否有那么一刻，您会欢呼一声"我发现了"？这个倒不经常发生。我们非常努力地工作以确保设计的成功，但总会碰到太多的批判性分析和评估。

一天里您是否在某个特定的时刻最有创意？我们俩有各自的工作方式，一天中用于素描的首选时间也不相同。然而，我们非常幸运，差异互补，所以可以接手彼此的工作，依对方的想法采取相应的行动来优化工作。

您的调研和设计工作何时从2D平面效果转换为3D立体效果？如何进行这一转换呢？在我们的工作方式中并不存在真正2D平面效果到3D立体效果的转换，这个转换过程是持续不断的。我们发现自然物体是灵感的源泉，这延伸到我们的设计方式。我们从事的创造性工作很大一部分包括在人台上进行立体剪裁，处理布料或者尝试能引导设计图的技术。

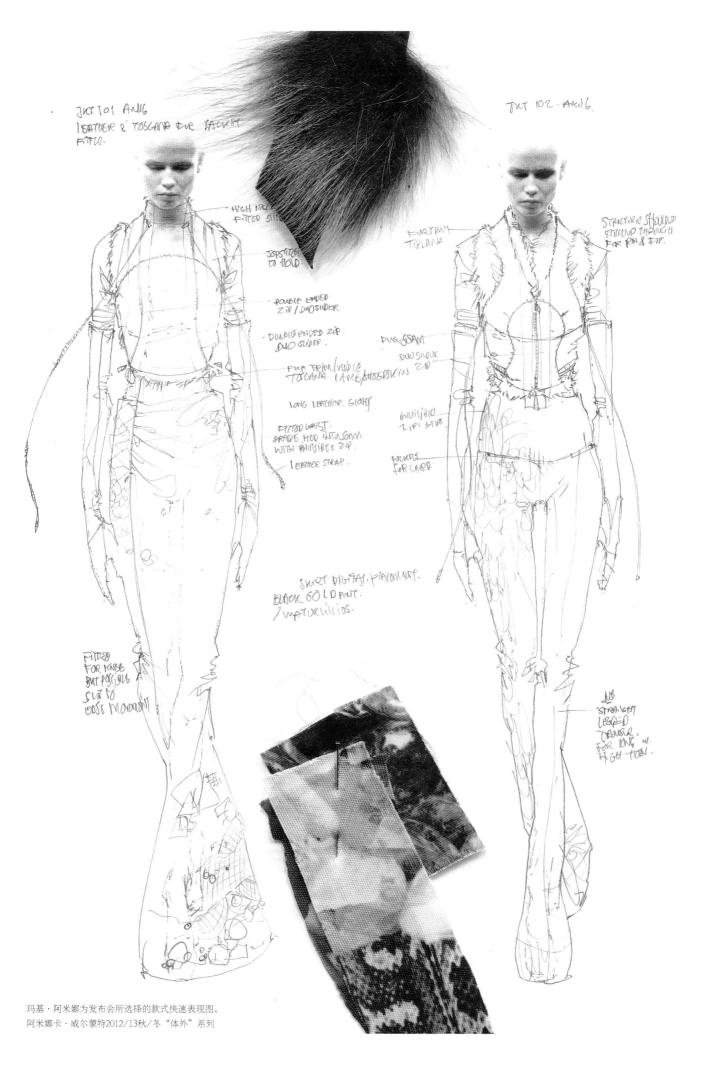

玛基·阿米娜为发布会所选择的款式快速表现图，
阿米娜卡·威尔蒙特2012/13秋/冬"体外"系列

安妮·瓦莱丽·哈什

ANNE VALERIE HASH

安妮·瓦莱丽·哈什于1995年毕业于巴黎服装公会学院。毕业后，她先后在莲娜丽姿（Nina Ricci）、珂洛艾伊（Chloe）和香奈儿（Chanel）工作，之后成立了自己的小型婚礼商行。5年后，她与如今的生意伙伴菲利普·爱科比（Philippe Elkoubi）联手，并推出了经典标志性的手工制作成衣系列，灵感来自于她异想天开的缪斯——14岁的巴黎人卢莱·莎勒（Lou Liza Lesage）。

2001年，哈什在巴黎时装周进行了首场发布会，并在那里继续展示自己的新品。服装古怪的解构外观——用一条高级定制男裤制作出一条女裙——引发了热情洋溢的评论。哈什没有奋力争取大牌地位，而是继续保持相当小规模的产出，用她阳刚与阴柔并举的审美感培养了忠实的粉丝。

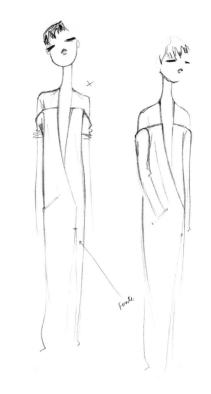

纸上铅笔绘稿，从"消失的"肩部延伸出了不同款式，如这里的外套，2012/13秋／冬系列

左页图：外套被剪开制作出一件新外套。在肩缝和袖底缝处剪开外套，肩部"消失"，顺着胳膊往下，没有任何结构和角度，2012/13秋／冬系列（模特：艾莉卡·别林斯基（Erika Bilinszky））

在试衣阶段,设计团队根据服装在人体上的造型进行改进,此图为此阶段的上衣侧视图,2012/13秋/冬系列（模特:艾莉卡·别林斯基）

纸上铅笔绘稿，表现一种球面的感觉、一种欲望和立体感，2012/13秋/冬系列

您是否使用速写本？不，我用的是灵感和主题板。工作室的四面墙上都是照片、布料和画稿，看起来美得一塌糊涂。

您如何形容自己的设计过程？我的设计过程是基于剪裁式样上强有力的可识别的工作。我直接在模特的身上进行设计。我把布料呈褶皱状从模特身上垂下，把玩布料，调研新的立体感和新的剪裁方法。在搜寻到完美造型之后才开始绘图工作。面料也是我的酷爱之物，常常找寻最好的、最具创新性或者最舒服的布料。理想的面料很容易处理，重量适中，这是完善立裁体剪或者制造所需立体造型的关键，而找到这样的面料可绝非容易之事。自此之后，我的设计过程便自由自在，无章可循。我与小组成员通力合作，也尽量铭记自己的最终目标是一个平衡/非平衡的廓型。

调研在您的设计中发挥何种作用？调研可以被描述为一个构筑—解构的过程。我常用旧的老式服装，对它们进行拆卸，调研它们的结构，然后以不同方式重新缝制起来，我会加入不同的面料、改变分量，这样会创造出完全不同的服装。

您的设计过程是否涉及摄影、绘画和阅读？因为我做立体造型，直接在模特身上寻找新的立体感、新的形状和新的廓型，所以我的设计过程会涉及结构和建筑艺术。

什么是您的设计过程中最令人愉快的部分？开端最令人愉快。发现旧式服装，在拆卸它们之前尝试理解它们的结构。此刻，我的想象力最为自由疯狂。

是什么推动您的设计过程？男士夹克和外套。我永远无法厌倦它们。它们彼此各不相同。我无法不去调研它们。它们的力量赋予我灵感，它们的优雅令我为之疯狂。它们是我取之不尽、用之不竭的灵感源泉。

您使用何种资源作为灵感来源？您是否经常重温某些资源？一般情况下，当代艺术对我产生了很大的影响。在我的日常生活中，从一块布料的动感到一片叶子的形状，所有这些都能赋予我灵感。一个声音、一种感觉、一场电影，它们都会出其不意地迷住我。但是，我找寻灵感的时候最最重要的事情是得到充分的休息。我必须保持头脑的清新纯净。这就是我的秘密。

在您的设计过程中不可或缺的材料是什么？老式的服装，还有别针和一把好剪刀。

得知某个设计可行之际，是否有那么一刻，您会欢呼一声"我发现了"？当然了！当我看到一个纸样，我会立即知道这个过程是否成功，方向是否正确。要是显而易见，一件衣服能表现某种意味，讲述一个故事，那我就知道我们可以进一步工作去进行验证。

您是否拥有钟爱的工作场所？在我的工作室，和一个真人模特一起工作。在法语里，我们称之为人体模型。

一天里您是否在某个特定的时刻最有创意？我绝对是一个适于早上工作的人。

您是否拥有参与设计过程的团队？我有一个团队负责为我寻找老式服装。然后，他们把那些服装剪裁成小片对立体感进行试验，跟我一起调研各种形式。

Anne Valerie Hash - FW 13   Laure top

détail poignet

même détail
que Megane shirt
#308

ouvert

fermé

boutons
recouverts

Le "Laure top" est le "Fina top" #303 en
mousseline.

纸上铅笔手稿，展示了"劳拉（Laure）"上衣的结构细节。这是对上衣的再创造，与围巾相连，附工艺细节，2012/13秋/冬系列

安蒂珀迪耶姆
ANTIPODIUM

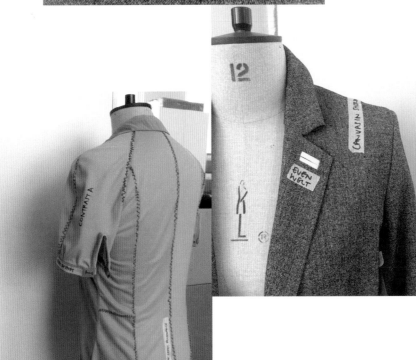

2013春/夏系列的坯布样衣

英国伦敦品牌安蒂珀迪耶姆是一个女士时尚服装品牌，创始人为阿希·皮考克（Ashe Peacock），起初是个专卖流行服装的一家小型实体店铺，自己处理客户关系和担任总批发商。颇具创意的主管杰弗里·J·芬奇（Geoffrey J. Finch）加入后，他们意识到有必要表现设计引导时尚的要素。2003年，他们首次推出了"胶囊系列"，让这款服装与店内其他设计师的作品平起平坐。对这些服装，服装店大为拥护，时尚杂志赞誉有加。设计团队决定在2006年9月的伦敦时装周上推出首场发布会。该品牌的服装现在世界上11个国家100多家品牌零售店出售，包括时尚服装连锁店Liberty, Urban Outfitters, Harvey Nichols 和David Jones。

该品牌精致的外观建立在优雅简洁的基础上，拥有众多追随者。安蒂珀迪耶姆品牌的风格独立自信，吸引了模特艾里珊·钟(Alexa Chung)，演员玛吉·吉伦哈尔（Maggie Gyllenhaal）和歌手贝丝·迪托（Beth Ditto）这样的大牌粉丝。它的设计手法反映当今的时代精神，吸引了众多顾客。博采经典之长，并加入芬奇所说的"含蓄前卫"，让安蒂珀迪耶姆品牌独树一帜。

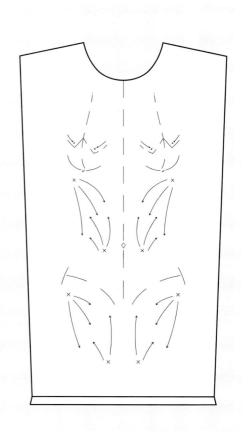

2012春／夏系列的纸样图

2013春／夏系列中的一件

设计师从在东京最喜欢的餐馆里所见的寿司颜色上获得灵感

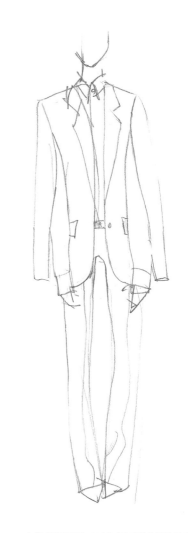

安蒂珀迪耶姆为2013春/夏系列绘制设计手稿

您是否使用速写本？不论到哪我都带着一本破旧不堪的魔力斯奇那笔记本。在工作室里，我在散开的A4纸上工作，会给这些纸分别套上塑料套。手机里的备忘本和日记本在我的设计过程中也发挥了关键作用。

您如何形容自己的设计过程？最近有个朋友说："看一场与服装发布会无关的电影真是太可惜了。"可以肯定地说，这近乎浪费一切。

调研在您的设计中发挥何种作用？调研发挥了巨大作用。通常情况下，如果一个不起眼的出发点令我印象深刻，我会狂乱地谷歌一番（最好也痛饮一番），就这样追根溯源。头脑风暴为我开出无穷无尽的单子，然后继续深入地进行谷歌搜索、编辑和重新编辑。参观一次时尚档案馆通常能让我的理念丰满起来。

您认为自己的调研属于个人的努力还是团队的合作？在季节一开始，调研是非常个人化的。我登上一列列古怪的思想列车，这经历是无价之宝。之后，我喜欢从我的团队成员和朋友们那里获得不同的想法。

您的设计过程是否涉及摄影、绘画和阅读？我很容易受到所处环境的影响，所以非常依赖于手机拍摄的快照和它的记事功能。小说和故事也起着相当重要的作用，然后就不得不把所有一切画出来。

什么是您的设计过程中最令人愉快的部分？我生性超级好奇，所以在几乎心醉神迷地进行一番调研之际遇到的任何事实肯定都是我最喜欢的部分。作为一个天秤座的人，我真的不得不集中精力做决定，这个让我有点头痛。

是什么推动您的设计过程？音乐扮演着重要角色，伴随我度过了许多漫漫长夜。我这人跟文字蛮较真的。要是某个理念弄不太明白，我常常参考网上词典dictionary.com。

您使用何种资源作为灵感来源？您是否经常重温某些资源？电影、书籍、旧杂志、音乐、展览会都对我的服装系列有所贡献。不过，通常来说，想到我身边最亲密最亲爱的人让我最受启发。

在您的设计过程中不可或缺的材料是什么？没有2H铅笔和0.2细线签字笔我什么也干不了。我还喜欢在散开的

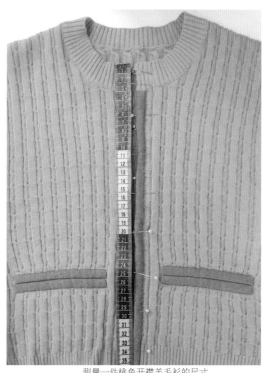

测量一件桃色开襟羊毛衫的尺寸

A4打印纸上工作。没必要用昂贵的东西。你总能超快地对这些撒乱的方案进行布局排列。

您的设计过程是否总是遵循相同的路径？我的设计过程的确遵循相同的路径，但是每个季节似乎都会绕上一条不同的小道。我觉得绕道前行十分重要。

得知某个设计可行之际，是否有那么一刻，您会欢呼一声"我发现了"？当然了，一定得这样。烦人的东西终于走开了，那种感觉绝对令人上瘾，让人为之痴迷。

您是否拥有钟爱的工作场所？非常奇怪，我喜欢在工作室里"狂欢作乐。"等大家都离开了，打开收音机，喝着健怡可乐，吃着M&M花生巧克力，我就能像个书呆子一样沉迷于工作了。

一天里您是否在某个特定的时刻最有创意？只要无人打扰就可以。

您是否拥有参与设计过程的团队？我的生产经理、工作室经理和裁剪师都积极参与到设计过程之中。我也就设计理念与我的商业伙伴、我们的公关经理和销售代理进行商讨。这些不一定属于时装界的朋友们为我提供了令人耳目一新的观点。我喜欢设计，因为这是集体的力量，是品牌不可或缺的部分。

您的调研和设计工作何时从2D平面效果转换为3D立体效果？如何进行这一转换呢？一旦一个设计方案被做成坯布样衣，不论当初进行过多么深入的考量，它都会变得截然不同。这也是令人兴奋的部分，提供了一个从不同方向进行理解的机会——取决于糖或咖啡的含量。

安托万 · 彼得斯

ANTOINE PETERS

2011春/夏"世界是平的"系列草图，纸被涂满了，目的是测试结构和色彩组合，随后图案被放大用以制作一个巨大的彩色图案背景，该背景与服装系列的面料相呼应

2009/10年秋／冬"我与傻瓜"系列的素描。据设计师本人说，该素描于初次自由素描阶段完成，在服装系列中出现更多箭头，因为他打算让箭头指向所有人，包括他自己

荷兰时装设计师安托万·彼得斯于2006年毕业于阿纳姆的时装学院。他曾与维克多&罗尔夫（Viktor & Rolf）共事，现定居于阿姆斯特丹。他的时装风格特色是幽默感和消极之放逐。他所推出的服装系列的标题千奇百怪，有"胖人更难绑架""把你蹙着的眉头颠倒过来"，甚至服装的标签都是一个微笑的形状。

他因开始于2006年的项目"世界人民的毛衣！（A SWEATER FOR THE WORLD!）"而闻名。该项目的目标是拍摄尽可能多的不同类型的人，他们都穿着彼得斯创造的二人毛衣。正当作为设计师的他声名鹊起之际，他受流行文化启发的乐观主义作品也开始吸引国际新闻界的注意力。彼得斯的服装特色通常是以俏皮、幽默和有趣的方式来表现风格。他的作品探索比例，也因其外观的层次感和创新性而出名。

您是否使用速写本？我时时刻刻收集灵感，将其记录在速写本里，在速写本封面上我总是标上"小安托万（Le petit Antoine）。"这些小本子捕捉了我脑中无限的世界和我一切皆有可能的梦境。我的素描非常混乱，大多是速写和酷酷的单词或句子。等以后回头看它们的时候，其中的有一些我自己都不明白了。我喜欢这么认为，它们反正都不是什么好的想法。这些速写本看起来很可怜，因为我调研某个项目的时候就把喜欢的几页撕下来。

您如何形容自己的设计过程？不切实际，但其乐无穷。

调研在您的设计中发挥何种作用？调研是每个服装系列和项目的基础所在，从文字到制板的起点，从图形到材料的组合，都离不开调研。

您认为自己的调研属于个人的努力还是团队的合作？我的调研是非常个人化的。它永远如此，因为它关乎故事的讲述，关乎我与消极的东西作战的个人情感，也关乎那些太拿自己当回事的人们。我的调研就是为了传播一点笑容。

您的设计过程是否涉及摄影、绘画和阅读？我的设计过程是一个混合物。对于服装，其起点是廓型。廓型始于平面，或者一种不错的形式，我开始塑造它，从中形成一个纸样，然后再次进行塑造。或者，一开始就是我梦中所见的奇怪样式。

什么是您的设计过程中最令人愉快的部分？我喜欢多门学科的融合。很多领域相互碰撞形成了"安托万•彼得斯"的宇宙。

是什么推动您的设计过程？大多数时候，我的灵感来自流行文化。我喜欢它造成摩擦的方式。那是你既爱又恨的东西。在我的床边放着漫画书和诗歌。我喜欢撰写自己的故事。很多人赋予我灵感，我用他们的照片制作了这部小电影。这些人包括雕塑家汤姆•克莱森（Tom Claassen）、作家迪克•布鲁诺（Dick Bruna）、科幻情景喜剧中ALF、音乐家大卫•鲍伊（David Bowie）、版画家莫里茨•科内利斯•埃舍尔（M. C. Escher）和艺术家杰夫•昆斯（Jeff Koons）等人。有时候我观看这个电影来提醒自己想想他们会如何处理某事。而且，最重要的事情是有些时候你必须从这个过程中抽身出来并清空自己的头脑。对我来说，踢足球是达到这个目的的完美方法。

您使用何种资源作为灵感来源？您是否经常重温某些资源？灵感无处不在，所有一切都是灵感来源。我使用互联网对某个概念进行深入具体的调研。但我还是尽量去图书馆，因为那样我有希望找到不是放在网上大家唾手可得的东西。虽然我观看很多电影，但我不那么直接地从电影中获得灵感。只有阿尔弗雷德•希区柯克（Alfred Hitchcock）导演的《后窗》和吉姆•汉森（Jim Henson）和弗兰克•奥兹（Frank Oz）导演的《夜魔水晶》对我产生了很大的影响。

在您的设计过程中不可或缺的材料是什么？我的设计总是以圆珠笔开始。我也喜欢用钢笔开始，因为无法擦除

线条。设计的第一部分就是要吐露出所有的坏点子，腾出空间给好点子，所以要越快越好。之后，我会使用铅笔、橡皮擦、三种不同的德国天鹅荧光笔和手边的随便什么彩色铅笔。我也用圆珠笔制板。至于图形和技术图纸，我使用电脑，当然基础是手绘快速完成的。

您的设计过程是否总是遵循相同的路径？我以我的灵感箱开始。像守财奴唐老鸭跳进它的钱堆里一样，我跳进灵感箱，取出在那一刻触动我的任何东西。然后去寻找想用它来讲述的故事。我认为灵感是99％的艰苦工作和1％的运气和天赋。

得知某个设计可行之际，是否有那么一刻，您会欢呼一声"我发现了"？在一开始当我闭上双眼，看见面前的整个理念、设计和展示，这个时刻，我不禁欢呼"我发现了。"实现理念的阶段非常可怕，充满着不安全感和疑惑。但是在试衣阶段，这种因灵光乍现而无比欣喜的感觉又回来了。

您是否拥有钟爱的工作场所？在设计阶段，我喜欢独处，并播放一些响亮的电子音乐，最好是没有歌词的那种。这样的音乐能打出我脑中的所有想法，把我带入如痴如醉的恍惚状态。

一天里您是否在某个特定的时刻最有创意？清晨或者深夜。

您是否拥有参与设计过程的团队？我的团队由实习生和一群创意无限的自由职业者和朋友们组成。在我需要帮忙时，他们会伸出援手。

您的调研和设计工作何时从2D平面效果转换为3D立体效果？如何进行这一转换呢？这个转换非常快。2D图画表现了设计的核心，即计划。但在此之后的3D步骤将设计提高到一个新的水平。有时候，我的设计甚至以3D立体效果开始，然后转换为2D平面效果，最后再次转换为3D立体效果。

2008春/夏"小安托万"系列的灵感墙，墙上满是概念、图纸、图形创意、参考资和粗略原型

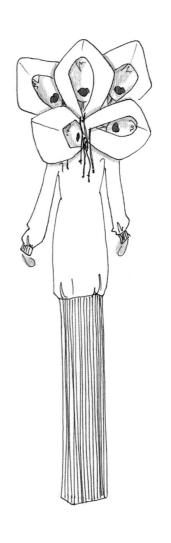

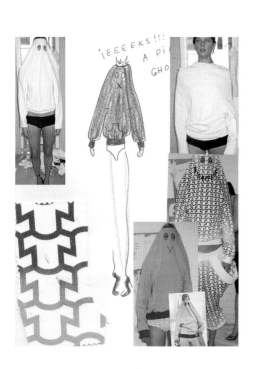

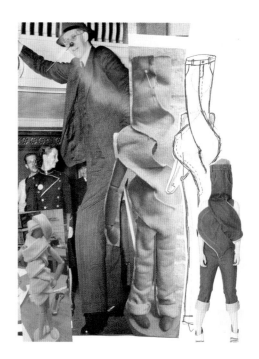

从左上角按顺时针方向：2009/10秋/冬系列"我与傻瓜"的草图；一张带有图形测试的纸——彼得斯设计的所有系列服装中的图形都由其本人亲自设计，廓型和细节也来自箭头形状，未完成的随意速写；2012春/夏"晕头晕脑"系列的理念；2008年春/夏"小安托万"系列的理念

旁观者

BAND

of

OUTSIDERS

2013度假系列"男孩"的灵感主题板，运用了20世纪40年代末加利福尼亚的建筑和家具设计作为主题

"旁观者"品牌总部设在洛杉矶，2004年由前好莱坞经纪人斯科特·斯腾伯格（Scott Sternberg）创建。因其对美国风格现代化、叛逆性的掌握，"旁观者"品牌服装是预科生风格的经典之作，又带有一点古怪的倾向。该品牌的整体外观特点是瘦裁女式衬衫和西服以及带有孩子气吸引力的针织衫。虽然这个品牌在美国本土越来越受到追捧，但其最大的粉丝群却在日本东京。

该品牌利用对美国经典男装的强烈怀旧之情，在所有产品中用革新和品质的推动力加以平衡。男装系列重新诠释美国经典男装，女装系列也受到男装和热爱男装的女士们的启发。"这不是马球衬衫"系列是对标志性马球衬衫的赞美，该系列对马球衬衫在各个方面进行了重新诠释和再次构建。

您如何形容自己的设计过程？有条不紊的乱七八糟。

调研在您的设计中发挥何种作用？能否描述一下你的调研过程？调研让人能以精确的方式了解自己在参考哪些内容，并且足够深入到能够运用所参考的内容创造点新东西。我可能会被某个时代吸引，如20世纪40年代，然后我开始调研那个时代我喜欢的特定导演所指导的电影，然后我会调研女演员、纺织品和绘画艺术。

什么是您的设计过程中最令人愉快的部分？最好的部分就是一开始，那时候有一千种可能性，有很大的希望创造新鲜奇特的作品。最糟糕的是要让面料、资源和时间的现实性与高尚的理念协调一致。

是什么推动您的设计过程？艺术和电影。对于男士服装的设计，我总是读日本的一本名为《常春藤预科生风格》（Take Ivy）的书来提醒自己关于学院风的着装体系以及追随者对它的崇敬和狂热。

您使用何种资源作为灵感来源？艺术和摄影书籍、电影、电影剧照，还有自己在博物馆和画廊拍摄的照片，收集的纺织品和平面设计图。

在您的设计过程中不可或缺的材料是什么？我使用一些很基本的材料，包括任何旧打印纸和廉价的活动铅笔。除了这些必要的材料外还有彩色打印机、软木公告板、剪刀和大量图钉。

您的设计过程是否总是遵循相同的路径？在一定程度上，我的设计过程的确遵循相同的路径：首先，拿出脑中概括性的想法并将它们转换为纸板上的文字和图形；接着找出那些文字和图形的模式；然后根据这些模式做更多的调研；接着做更多的编辑工作；最后大功告成。

得知某个设计可行之际，是否有那么一刻，您会欢呼一声"我发现了"？试衣可谓满是起起伏伏，包含酸甜苦辣，总有欢呼"我发现了"的时刻和溃败得一塌糊涂的时候。最佳时机出现在你尝试的新东西成功了，比如说某种打褶样式，某种缝合方式，或者是比例，或者是针脚。然后你利用那种技术、细节或者形状，并运用到系列的其他款式中让所有作品结合成一个整体。

您是否拥有钟爱的工作场所？我最喜欢周末无人打扰时在好莱坞的工作室。

一天里您是否在某个特定的时刻最有创意？一天里并无特定的时刻，但是在某种特定的日子里我最有创意。我从事品牌事业方方面面的工作，所以我得好好安排时间表，这样就知道自己什么日子不会受到打扰，可以完完全全地投入设计工作。

您是否拥有参与设计过程的团队？我有一位男装设计师和一位助理，他们的职责是将所有的概念和想法发展成系列中的实际风格，从面料设计、寻找供货来源到制作版型和样品的技术方面的工作都由他们负责。至于女装设计，我跟一位女装设计师和两位助理合作，跟男装的工作大体相同。一旦确定了主题和理念基调，我的团队会帮忙组织思想理念，找出所有的可能性并在技术上予以执行。

您认为自己的调研属于个人的努力还是团队的合作？开始阶段是纯属个人努力。我认为在时装界，个人洞察力必须得到个性化的个人处理，必须非常明确，不会被一群人的意见削弱。对话交流很重要，这有助于清理出一些东西，但要创造新产品，调研必须来自单一源头。

狂野皮草夹克的设计手稿，肩部饰有木珠和象牙色皮革刺绣，服装上部有白色花边流苏

芭芭拉·裴　　BARBARA BUI

　　芭芭拉·裴于1957年生于巴黎。她的母亲是法国人，父亲是越南人。她攻读文学，毕业后于1983年开了一家名为"歌舞伎"的服装精品店。1988年，裴已经开始设计男装和女装系列，并在巴黎时装周推出成衣展。从一开始，她的服装就表现了强大而优雅的女人，她们身着皮草上衣搭配斜向裁剪的宽松短裙。因其懒散的优雅和摇滚的活力，裴大受欢迎并迅速立足于法国时装界。

　　裴钟情于黑色或带色调的色彩和羊毛和皮草之类的传统面料，这赋予她的设计一种华美贵气和永恒的品质。她以干净利落的线条和另类的阴柔气质著称。她设计的服装融合了来自多元文化的影响。总部在巴黎的法国高级时装公会是高级时装的主管单位，2003年，该公会宣布芭芭拉·裴已获得其成员资格。

芭芭拉·装在2012春/夏系列的主题板上工作

芭芭拉·装2012春/夏系列"外观"的设计手稿

芭芭拉·装2012春/夏系列的灵感墙

您如何形容自己的设计过程？视季节和服装系列而定，我的工作主要是心灵的探索，寻找一些方法让人显得更自由、更强大、更感性、更积极、更冷静、更叛逆。对材料的调研推动了彰显个性和态度的希冀。这是基于特性的工作，但在不断地发展。皮革和毛皮就在那里，那是我DNA的一部分，不过在不同的季节会应用不同的处理过程。然后就是对结构或者光泽、自然面料或者工艺面料的渴望，附带对质量的强制性要求。

您认为自己的调研属于个人的努力还是团队的合作？跟团队成员一起工作非常重要。我的调研既属于个人也属于与我共事很久的同事们共同的努力。

您的设计过程是否总是遵循相同的路径？转换材料或者装饰的工作一直存在，也是我工作中的一大部分。主题板由来自书本和照片的图像组成，它因此成了灵感的重要

基础。我总是从素净的色彩作为基色开始工作，令人惊异地添加大胆色彩的工作是最后的一步。对我来说，最最艰难的部分是开始，是满腹疑惑和空白页面。很难跟身边的人解释在自己脑中还有什么朦胧不清。设计成形之际，创作过程就有保证了，我的团队就和我一起朝着同一方向齐头并进。

得知某个设计可行之际，是否有那么一刻，您会欢呼一声"我发现了"？当我知道某个设计"对了"的时候，的确有那么欢呼一声"我发现了"的一刻，然后我就感觉热情万丈。这常常是我们把草图搬上坯布，制成首个原型的时刻，是虚拟变成现实的时刻。

一天里您是否在某个特定的时刻最有创意？我喜欢上午在宁静的办公室进行设计工作。我工作中总是使用同样的速写本和铅笔。

布兰登·孙　　　　BRANDON SUN

布兰登·孙2002年从新泽西州搬到纽约在帕森斯设计学院求学。毕业时，他获得了令人垂涎的"年度设计师"荣誉和金顶针奖。之后，孙开始为两个美国奢侈品牌J.孟德尔（J.Mendel）和奥斯卡·德拉伦格（Oscar de la Renta）工作。

2011年2月，布兰登·孙推出了奢侈皮草配饰的招牌式系列，在古德曼、萨克斯第五大道、Boon the Shop、 Savannah和Hirshleifers等奢侈品商店出售。2012年2月，在梅赛德斯−奔驰时装周，他推出了一个成衣和皮草系列，展现了他对当代时装的洞察力。他的首场发布会集中探索更加柔软的服装，这些服装带有边线，将材料和貂皮与拉菲草纤维之类的专业纺织品并置使用。

2013年春/夏系列，布兰登·孙的灵感来自绘画艺术的立体主义和东方风格，该面料小样由蚕丝透明纱和涤纶网织品制成

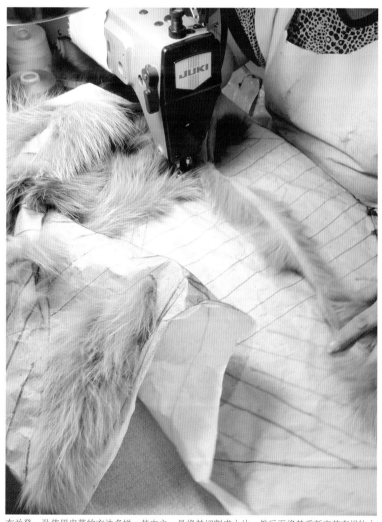

布兰登·孙使用皮草的方法多样，其中之一是将其切割成小片，然后再将其重新安装在织物上来增添精巧效果并创建纸样 图中所示皮草为染成氧灰色的北极大理石霜狐皮，底布为涤纶薄纱

您如何形容自己的设计过程？每个季节，我处理服装系列的方法各不相同。因为公司规模还很小，我喜欢做些实验尝试一下，再看看活力把我们引向何方。开始的时候来点音乐，通常是能让我情绪激昂、心潮澎湃的音乐或者是节奏感让我如痴如醉的音乐。有时，我已经追逐某种情感良久，必须用咖啡因提神，然后彻夜绘制草图寻找那种"式样。"不过，最终我还是得进行调研，我得调研自己潜意识的历史、人类学和艺术，直到我找到当时有意义的那样东西。这些元素展现了即将形成服装系列的色彩组合、织物质地和织物类型方面的信息。从我觉得捕获了某种特定情绪的那一刻开始，在设计细节之前，我开始创建坯布原型来界定廓型效果。我喜欢尝试不同类型的立体裁剪方法，用这种异于平常的方式接近深深植根于日常服装之现实的某种东西。当我对坯布感到满意，也最终找到合适的织物的时候，我开始选择样品并按部就班地设计所有细节。直到服装发布会时，服装系列才算大功告成。

调研在您的设计中发挥何种作用？随着我作为设计师的不断成长，我的团队不断壮大，调研工作就变得极为重要。调研有助于让所有人集中精力并保持同一路线。每个服装系列真的是以一种情感开始的，因此我的团队与我一起搜索图片，用作起点。我们把图片分成三堆：女人、质地和灵感。从那开始，我们进行更加深入的挖掘，随着工作的进展，对似乎背离主题的想法理念进行编辑。有时候，我会有意外的发现，感觉就像是找到了希冀已久的什么东西。我觉得我的设计与我的潜意识关系紧密，因为遇到与内在自我真正发生关系的东西时，我感觉仿佛醍醐灌顶……就好像我已经发现了生命中的一些神秘真相。

您的设计过程是否涉及摄影、绘画和阅读？哦，那当然了！绘画最为重要，因为你用每一个铅笔笔触控制着想法的情绪和活力。当一个想法很可靠，它先在纸上呈现，然后才在画布上获得生命。我的设计总会涉及摄影和阅读，因为这是我们自我教育获得灵感的方式，也是我们所有设计的根源所在。我不相信设计的基础是衍生于某个衍生物的东西，我一直在探索，对想法追根溯源，然后从一个全新的视角重新运用这个想法。

什么是您的设计过程中最令人愉快的部分？我认为每个系列都是一段爱恨交集的关系。我享受这样的纠结斗争，但有时，寻找突破口对肉体而言极为痛苦。当然，这是设计过程一部分。如果没有纠结斗争，就不可能有新创作！我想最愉快的部分是这样的时刻，那时，某个系列的目的排山倒海而来，现实化的浪潮涌过，然后你才最终看到所有这一切成为一个整体。

是什么推动您的设计过程？有一种特定的审美感总是把我深深吸引。它难以形容，但是通过我的调研和创作系列作品，我了解到，我觉得很多美丽的东西在外面某处都已有其基础。该基础的分支总把我引向某种美好的东西，而且每个季节我都会对这美好了解更多。它们是我要开发

培育之物的小小闪光点，所以这工作有点像联接很多小点点。它总是犹如平静与激烈、沉默与倦怠和安宁的浪漫之间的微妙张力。起初，我把概念简化为"禅。"但如今，我已经沉浸于调研具体化运动、残缺之美、道教、虚空理论、《影子的赞歌》和白发一雄（Kazuo Shiraga）那样的艺术家和阿塞尔·维伍德（Axel Vervoordt）那样的公共艺术收藏机构的管理人之中。

您使用何种资源作为灵感来源？我在画廊、博物馆和书本里找到很多答案。互联网是即时信息的宝贵资源，也是改变工作重点的快速解决方案。

在您的设计过程中不可或缺的材料是什么？幸运的是，说到材料，我的要求很简单。绘制草图时，我喜欢使用极细的"三福"马克笔。永久马克笔有特别真实的地方，不论我写什么还是画什么，用了永久马克笔，它们就拥有了持久性，所以即使绘制的草图不够完美，我也必须坚决果断。戒掉擦除的习惯让我学会了勇往直前，随后再进行提炼或者重新定义的工作。至于纸张，我喜欢简简单单的比较重的复印纸，也喜欢在忙碌的时候随身携带的魔力斯奇那小笔记本上随手做笔记或者记下当时的想法。

您的设计过程是否总是遵循相同的路径？在不同的季节里设计过程中各不相同。由于我的品牌规模较小，正在学习体验什么是最佳效果，我一直在探索实验，但在整个过程中会使用较为熟悉的方法。我已经注意到，大部分阶段都是在短时间内突发完成的，而其余的时间我们都致力于收集和分析各种理念。突发时间通常在绘制一幅或者两幅草图的阶段，然后是面料选择、立体裁剪和样品阶段。

得知某个设计可行之际，是否有那么一刻，您会欢呼一声"我发现了"？哦，当然了！我靠这样的时刻过日子呢，因为大多数时候，我感觉就像在果冻中游泳，而突然一下子，一切豁然开朗。

您是否拥有钟爱的工作场所？工作时，我工作场所的环境必须静止不动、安宁舒适。只有在极少数情况下，我可以一边绘制草图一边聆听音乐，因为音乐在情绪上太容易令人分心。我必须独处一隅才能集中注意力，所以深夜里我宁愿等大家都下班回家了一个人留在办公室加班，或者在自己的公寓里工作，那样更有情调。不知怎的，坐在地板上有点不那么舒服的蹲伏姿势对我的工作也有帮助。我不明白个中缘由。

一天里您是否在某个特定的时刻最有创意？这个取决于我们处于服装系列创造的哪个阶段！调研可以随时进行，但是阅读必须临睡前在床上进行，这样我就在自己尝试理解的世界里入睡。深夜里感觉疲惫不堪，周围的世界一片静谧的时候，绘制草图或者立体剪裁的效果最佳。这个常常是从一幅涂鸦开始，然后爆发成突然出现的许多想法。

色彩对每个系列都至关重要，图中所示为2013秋／冬系列色彩选择过程中的一组颜色

2013秋/冬系列中，布兰登·孙尝试了"刺客"和"武打功夫"史诗大片的概念，金属刺绣在印度制作，模仿类似盔甲和武器的艺术品

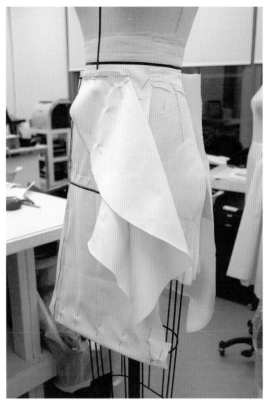

2013春/夏系列创作过程中的实验性立体裁剪效果，布兰登·孙在探索一种概念，让饰边感觉不那么像饰边，此处所用材料为棉质帆布、一堆别针和标记接缝位置的冷压胶带

您是否拥有参与设计过程的团队？有一个敬业的小型团队为我帮忙。他们帮我收集早期的调研资料并帮我整理思绪。他们也绘制草图，但主要是对样布进行改进或者对布料进行处理，以此帮助我把一些想法化为现实。当然，他们在样品制作阶段也是不可或缺的一部分，我也非常乐意倾听他们的意见。

您的调研和设计工作何时从2D平面效果转换为3D立体效果？如何进行这一转换呢？我尽快着手3D立体工作，因为一旦开始远离理论，我们就可以把想法进一步向前推进。能够在几个阶段修改形状、创造肌理让我们有机会走出额外的几步并走得更远。我们开始通过剪裁坯布，对坯布进行立体剪裁制造与草图相似的感觉，跟真人模特合作来探索比例感和特定细节的放置。接着，我们制作口袋、缝份细节、边饰或织物组合的面料小样，以此来测试各种面料，了解它们的特性。拥有近乎完美的面料并对"样衣"感觉满意时，我们就进入样品制作阶段，专注于细节的精加工。

您是否使用速写本？如果您使用速写本，您会如何从视觉角度描绘它呢？虽然总是随身携带一个魔力斯奇那小笔记本，用它来记笔记，画涂鸦，写下突然之间的想法，我还真的不会称它为速写本，因为它的功能具有普遍性，我觉得它更是一种"生活笔记。"工作的时候，我喜欢在绘图纸上绘制草图，这样的话，我可以把它剪了撕了而不

为此感到丝毫内疚。而且这种纸张的大小正好，有必要的话，易于存放在文件夹里，也适于扫描后用电子邮件发送出去。然而，如今生意规模日渐扩大，不得不经常东奔西走，所以我开始使用比较正式的速写本来记录富有灵感的图片、文字和早期的面料速写，这样使我在旅行途中也能继续保持井然有序和专注集中的状态。我发现编辑速写本并根据它里面的内容开展工作特别有助于有条理、有说服力地向团队展示我头脑中的东西。我让团队成员直接在自己的速写本上工作，这样我们能保持同步。我向承包商和裁剪师传达我个人的理念和情感的时候，速写本也大有助益，能让他们窥见我们的想法，那可是发自内心的想法哦！

我喜欢寻找纸张看上去反传统的特别有趣的书籍。每个系列都有一定的差别，因此速写本的感觉也是如此。有时候，我会选择柔软的纸张和奇形怪状的本子，而其他时候，我会更倾向于有时尚感的简单本子。但从始至终，我总是在本子上粘图像、画草图、做笔记，还根据它进一步创作。总之，将种种理念想法分类放置在其中。

您认为自己的调研属于个人的努力还是团队的合作？我发现让整个团队参与调研过程至关重要。人人充分利用自己的资源，然后把各自的发现放到台面上。我拥有一个出色的团队，这意味着大量的编辑工作，不过，这很不错，选择很多哦！作为团队进行调研工作也意味着大家保持一致，齐心协力地为同一个问题寻找答案。

2011年，华人设计师刘凌与孙大为被法国老字号卡夏尔品牌礼聘为包括女装、童装、男装和配饰等所有服装系列的创意总监。两位设计师在巴黎时装周推出2012春/夏女装系列处女秀。

卡夏尔　CACHAREL

艾米莉亚·埃尔哈特是这个组合的缪斯女神，他们被这个潇洒自由、独立自主的人物深深吸引。艾米莉亚对抗逆境、实践梦想的方式符合卡夏尔装扮的那类女性，她们个性坚强，了解自己的需要，能够同时表现迷人性感、浪漫温情和美妙梦幻的感觉

刘凌于2005年获得圣洛克大奖。职业生涯之初，她在巴黎世家（Balenciaga）与设计师尼古拉斯·盖斯奇埃尔（Nicolas Ghesquière）的团队共事。接着，她在斯特凡诺·皮拉蒂（Stefano Pilati）的女装工作室为设计师伊夫·圣罗兰（Yves Saint Laurent）工作，之后进军伊夫·圣罗兰男装。孙大为赢得2004年法国第22届国际青年时装设计师比赛唯一大奖及PFAFF工艺奖后，才华得到赏识。他的职业生涯开始于洛丽塔工作室，然后是巴黎世家，最后他在约翰·加利亚诺（John Galliano）的制作室工作了5年多。

这对设计师组合联手合作，为卡夏尔品牌带来了充满年轻活力的国际化美感。在最初几季中，刘凌和孙大为弃用该家族品牌的招牌花朵图案，而是刻意展现更多的图形图案。虽然手法依然兼顾品牌的外观，但对法国时尚风格独树一格、具有现代气息的掌握充分展现了他们在成衣技术、服装的维度和有趣的立体剪裁技术方面的天赋。

该拼贴画展现了两位设计师如何以旧花边衣领开始工作。这个系列编织物的人字纹图案灵感来自这些衣领。一件真丝印花样衣是受到光线在玻璃杯上反射和分开的启发。为了"提高棱镜分光的感觉"，两位设计师使用多种材料在立体剪裁服装上进行了很多尝试

"我们想让这个季节的新品使用一种真正自然但感觉温馨的色彩"，设计组合如此解释道，"用了一些米色，一些木纹基调，松绿色，烟熏灰…"

您是否使用速写本？我们不用速写本工作，我们在单张纸上绘图，然后把所有的速写、照片、工作室里缝制使用面料图、料件、编织物、皮革、色调图统统挂在展板上。一切必须是形象化的，当然经常显得有点乱糟糟。

您如何形容自己的设计过程？在重新开始并聚焦于新的灵感之前，我们总是从品牌的历史着手开始工作，这样可以保持连续性及对品牌历史沿革的尊重。

调研在您的设计中发挥何种作用？我们观看很多老电影，也仔细观察我们身边的一切，包括建筑风格，房屋和色彩。我们并不会遵循某个特别的过程，一切仅关乎给我们留下深刻印象的东西。

什么是您的设计过程中最令人愉快的部分？当工作室开始忙于设计工作，我们着手确定最初的立体感和廓型，它们将成为整个系列的指导方针。我们喜欢设计过程的所有步骤，因为每一步都非常重要，从灵感到色调的选择，到系列推出前成百上千张草图，这里的每一步都很重要。

您使用何种资源作为灵感来源？您是否经常重温某些资源？我们常去图书馆借来好多艺术方面的书籍。最近我们爱上了一本书，讲的是如何转换网状织物和图表之类信息的不同绘图技术。这本书的确充满视幻艺术，描写生动细致，而且具有现代性。我们常常造访品牌的档案室。当

你在这样的时尚屋里工作，能够不停地进行探索调研真是一桩幸事啊。

在您的设计过程中不可或缺的材料是什么？不可或缺的材料很简单，但的确必不可少，那就是HB铅笔和再生纸。

得知某个设计可行之际，是否有那么一刻，您会欢呼一声"我发现了"？那是当然啦！这一刻非常不可思议，而且常常出其不意，完全无法用语言来解释。你总是在突然之间意识到自己已经迈出了关键的一步，一个新事物已然横空出世。

您是否拥有钟爱的工作场所？要是阳光明媚，我们喜欢在户外工作，要么坐在宽敞舒服的沙发上工作。我们俩都需要宁静舒适、无拘无束的工作环境。

一天里您是否在某个特定的时刻最有创意？我喜欢日上三竿，气候温暖，令人愉快的时候。我想应该是在正午时分最有创意。

您是否拥有参与设计过程的团队？当然喽。我们和团队用头脑风暴法进行大量自由讨论。我们喜欢听取来自团队成员各方面的意见。我们会请他们展示多样化的非常不同的东西，这样我们就不会拘泥于单一的灵感。这样做更加充实有意义。

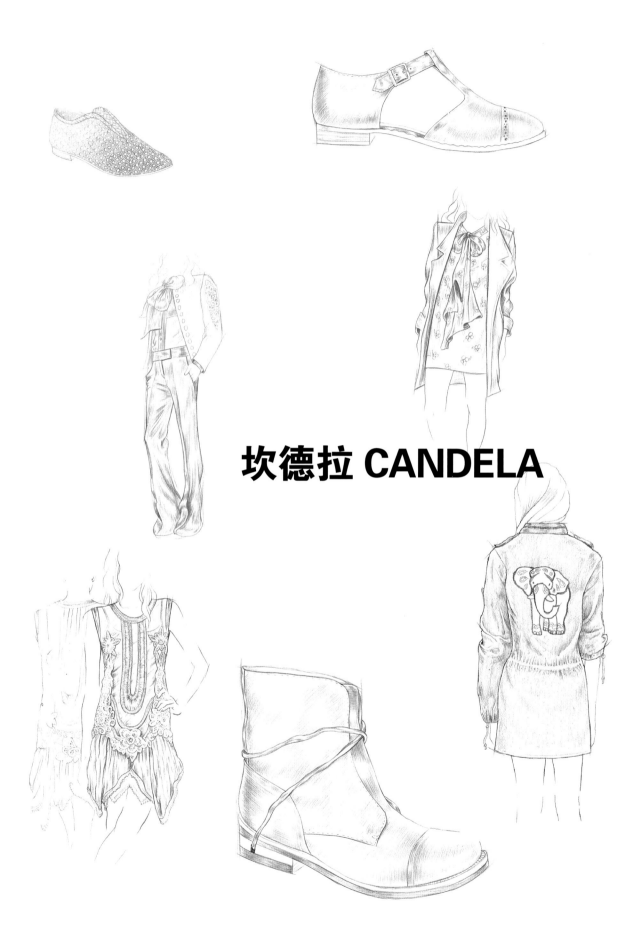

坎德拉 CANDELA

选自作品集，展示不同的设计理念

纽约设计师加布里埃拉·佩雷祖蒂（Gabriela Perezutti）的家族血统可以追溯到200年前的乌拉圭。她设计的服装反映了骑术和传统高卓人对她的影响。

2013春/夏系列的主题板

佩雷祖蒂大学时攻读计算机通信，随后事业转为包括英国品牌Next等知名机构担任国际模特，也曾在T台走秀，为意大利Vogue 这样的杂志拍摄时尚写真。

2004年，她有机会跟两位拉丁裔伙伴进行艺术合作，最后的成果就是创造了名为"坎德拉"的女装系列。这个系列以布鲁克林的一个T恤系列产品开始，现已扩展至成衣和鞋类系列。

您如何形容自己的设计过程？这个过程总是以我感到好奇的东西开始，然后转向与之产生共鸣的人。例如，这个季节，我最大的灵感来自一位乌拉圭艺术家胡里奥•阿尔帕依（Julio Alpuy）。我个人也有乌拉圭血统，但在纽约购买他的作品《残缺》（Torso）之前，从未听说过他的大名，对此我感到非常惊讶。原因是直到去世前他在纽约生活了30多年。我对寻找我们生活背景的相似之处以及生活在这样独特的一座城市对我们产生了何种影响感觉非常着迷。

调研在您的设计中发挥何种作用？调研是非常重要的一部分，但是它于我而言是自然而然的，因为我生性好奇，对信息总是如饥似渴。我的确是把时装作为媒介来探索一切赋予我灵感的东西。

您的设计过程是否涉及摄影、绘画和阅读？我的设计过程涉及到这三样，不过我认为视觉冲击力是关键所在。

什么是您的设计过程中最令人愉快的部分？是否有某个部分您不甚喜欢或者感觉困难？这个过程中最令人愉快的是出现在我脑中的概念成为有形实体的时刻。当别人喜欢并斥资购买的时候，它就更加有价值了。最艰难的部分是精确地表达我的洞察力和跟别人交流我想做的事情。

是什么推动您的设计过程？这在一瞬间发生，而且我觉得提出想法对我来说并不难。我认为难题是如何让你个人的想法天衣无缝地获得生命。你不得不经常性地突破局限。

您使用何种资源作为灵感来源？您是否经常重温某些资源？我最常使用的资源是电影、旅行和艺术。

在您的设计过程中不可或缺的材料是什么？我喜欢日本的产品，所以每次去那里我都会把笔盒装得满满的。那里也有世界上最好的纸品市场。

您的设计过程是否总是遵循相同的路径？我发现工作同伴不同，设计过程就会发生改变。把自己的洞察力传达出去，和别人合作的时候，我不得不调整自己的风格和工作方式。因此，如今，我常需要开很多设计方面的会议，对我的思想做很多解释。

得知某个设计可行之际，是否有那么一刻，您会欢呼一声"我发现了"？某个设计可行的时候，我自己的头脑和胃都清楚地知道。如果结果与我所设想的一模一样，我会欣喜万分。然而，我不太确定的东西结果很好的话，我也会感到惊喜交加。

您是否拥有钟爱的工作场所？我最喜欢的工作场所是办公室或者工作室，因为家里有两个小孩子，我在家什么也做不了。

您是否拥有参与设计过程的团队？我的团队有两名设计师，也有实习生，我的销售经理和网上零售经理也会提供意见和反馈。

您的调研和设计工作何时从2D平面效果转换为3D立体效果？如何进行这一转换呢？一旦设计理念在纸上呈现的时候，我们就开始寻找面料，然后是面料上的串珠装饰。首先考虑的是印花、面料和刺绣。首次试穿样品准备好后，我会说那是3D立体效果的正式开始。

您是否使用速写本？如果您使用速写本，您会如何从视觉角度描绘它呢？我的速写本一直是绘图和任务清单的混合。我可以告诉你，疯狂中有理性的存在。

您认为自己的调研属于个人的努力还是团队的合作？我的调研从来都是个人化的、私密的。但创造绝对是团队工作的成果。没有团队合作就绝无产品可言。创作绝对是一个团队的努力。如果没有一个团队就不会有一个产品。

选自作品集，展示不同的设计理念

塞萨尔·盖林多

CESAR GALINDO

纸上铅笔画设计稿，2013年春塞萨尔·盖林多的"独裁者"（CZAR）系列，套在长衫外的带口袋平针织物

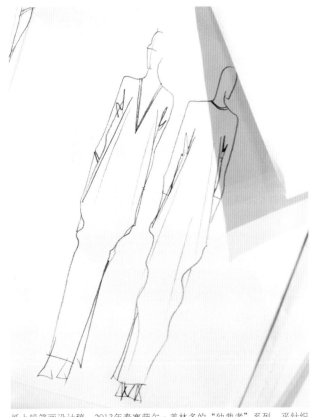

纸上铅笔画设计稿，2013年春塞萨尔·盖林多的"独裁者"系列，平针织物，双背带长裙

塞萨尔·盖林多是一位自学成才的设计师,通过为迈阿密市芭蕾舞团以及休斯顿大歌剧院设计紧身胸衣和复古戏服开始了时装职业生涯。20世纪80年代中期搬到纽约后,他受聘担任时装品牌TSE山羊绒服装的陈列室经理,开始在时装界的工作。一年后,他开始为当时的国际运动装设计师新秀卡麦罗·波蒙多罗(Carmelo Pomodoro)工作。在为杜嘉班纳(Doice & Gabbana)、卡尔文·克莱恩(Calvin Klein)和L.A.M.B工作的同时,盖林多很快创建了自己的标志性品牌系列。

塞萨尔·盖林多在2011年推出"独裁者"系列,是其标志性品牌系列更加年轻化、更加成熟的版本,更符合当代的价位,服装特点为凸显女性阴柔美,有建筑风格的立体造型,颜色丰富。

您如何形容自己的设计过程?我的设计过程总是开始于纺织品的采购、纺织品色彩和质地的故事和范围的确定。

调研在您的设计中发挥何种作用?调研在布置灵感板的时候非常重要,有助于我的团队在整个开发过程中在视觉上保持一致。

您的设计过程是否涉及摄影、绘画和阅读?我的设计过程主要由两部分组成,一是立体裁剪,另一个就是让我的头脑紧紧围绕织物的质感、垂坠效果、重量和色彩。

什么是您的设计过程中最令人愉快的部分?我最喜欢的部分是立体剪裁,不过我觉得编辑的过程有点困难。

是什么推动您的设计过程?把一卷卷织物排列整齐,就像看着参加模特表演的队列。

您使用何种资源作为灵感来源?家人是我的灵感来源。我也十分关注国际上的社会活动、大自然的鬼斧神工、政治和宗教。

在您的设计过程中不可或缺的材料是什么?坯布,坯布,坯布,还有一盒别针。

塞萨尔·盖林多2013春"独裁者"系列,真丝裁片定位印花

得知某个设计可行之际,是否有那么一刻,您会欢呼一声"我发现了"?这个时刻在立体裁剪的过程中发生。

您是否拥有钟爱的工作场所?我喜欢带窗户和有自然光的工作室,否则我会打开电扇查看布料垂坠的动感效果。

您是否拥有参与设计过程的团队?当然了。我的团队以我马首是瞻,但也会表达自己的观点。我们一起评估作品并充分尊重工作的进展。

您的调研和设计工作何时从2D平面效果转换为3D立体效果?如何进行这一转换呢?通常恰恰相反,是从3D立体效果转换为2D平面效果。我们随后才绘制立裁效果。

您认为自己的调研属于个人的努力还是团队的合作?二者兼而有之!

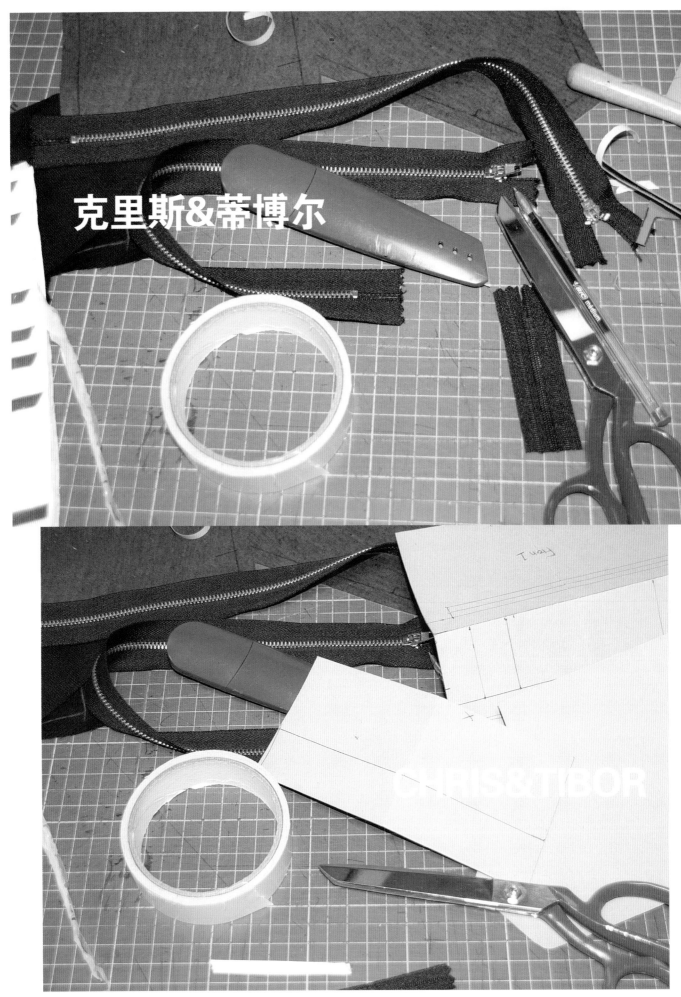

克里斯&蒂博尔

克里斯&蒂博尔2013秋/冬系列所使用工具

克里斯&蒂博尔是伦敦品牌，专营克里斯·刘（Chris Liu）和蒂博尔·玛缇亚斯（Tibor Matyas）设计的包袋。该品牌的概念和灵感来自伦敦，来自这座城市的历史、风格和现代感的融合。所有的包袋都以伦敦东区或者伦敦的街道、地区或者标志性人物的名字命名。

克里斯在伦敦时装学院修读时装设计，于2003年获得硕士学位。蒂博尔修读艺术管理和市场营销。两位合作者随后担任巴宝莉·珀松（Burberry Prorsum）的设计顾问，并于2006年共同推出自己的品牌。

2013秋/冬女装系列的故事板

该品牌也因与郑玉俊、罗曼·克雷默（Romain Kremer）、薇洛妮克·布兰奎诺（Veronique Branquinho）、沃尔特·凡·贝兰多克（Walter Van Beirendonck）和斯图尔特·森普尔（Stuart Semple）等国际设计师在饰品方面的合作而著称。

2008年克里斯&蒂博尔品牌作为新兴出口商赢得了英国时装出口奖，反映了其配饰品牌的理念获得成功。

您如何形容自己的设计过程？整个设计过程是非常复杂的，新的思想和新的设计一直出现并彼此对立冲击。不过，有一点是肯定的，这个概念必须具有非常明确的聚焦点，以便足以引领整个设计过程向同一方向发展。

调研在您的设计中发挥何种作用？有很多外部因素有助于成功创造某个产品。最新系列的完成耗费了长达10个月的时间。然而，这主要是因为初始概念的获得较为艰难，还有在功能性和细节方面保留具体理念的问题。

您的设计过程是否涉及摄影、绘画和阅读？当然，我们的设计过程涉及摄影、相关调研资料、阅读以及大量的绘画和草图。

什么是您的设计过程中最令人愉快的部分？最好的部分是首个原型成型的时候。我们那时真正能够在设计过程中更进一步，这也有助于设计团队目睹概念从纯粹视觉转换成现实的过程。在打样过程中，当设计师和工厂之间的交流出现问题的时候，也会非常令人沮丧。某个工厂无视设计规格和细节，提交的样品不完善时，情况令人更加懊恼。

是什么推动您的设计过程？虽然听起来像是陈词滥调，我们的确尝试从所有一切事物中获取灵感。我们的创作需要满足实用目的，而这种需要就是受到我们日常生活的启发，发现自己纠结于什么东西，它本可以更为简单化，此刻，我们就受到了启发。我们尝试把此类发现应用于设计过程。"结实的手提袋"系列就是基于类似的原则。比如里面有装雨伞的防水内袋。人人都体验过此类需求。

您使用何种资源作为灵感来源？以前设计过一个"克雷兄弟"的系列，我们去过很多图书馆，包括伦敦时装学院、中央圣马丁艺术与设计学院和英国国家图书馆，甚至当地的哈克尼图书馆。这些图书馆是极佳的资料库，后来，一些人们未曾发现的男阿飞和克雷兄弟的形象被拼贴成佛罗伦萨国际男装展的一个短片介绍。

在您的设计过程中不可或缺的材料是什么？纸张、白棉布和felma（一种用来制作样衣的理想毡制材料）。在接近完工阶段我们也使用便宜的皮革。

您的设计过程是否总是遵循相同的路径？我们并没有什么特定方法，但设计最终大功告成。最重要的就是管理工作，团队必须遵循相同的时间进度表。

得知某个设计可行之际，是否有那么一刻，您会欢呼一声"我发现了"？绝对如此！得知某个设计可行的时候，所有团队成员同样感觉欢欣鼓舞。

您是否拥有钟爱的工作场所？如今我们已扎根伦敦大约10年了，我根本无法想象在别处工作。伦敦的生活和精神在别处无从找寻。

您是否拥有参与设计过程的团队？我们拥有一个小型设计团队，参与到设计、打样和生产的过程。

您认为自己的调研属于个人的努力还是团队的合作？我觉得属于个人的方向，但是离不开团队的努力。

2013秋/冬系列的手稿和实物

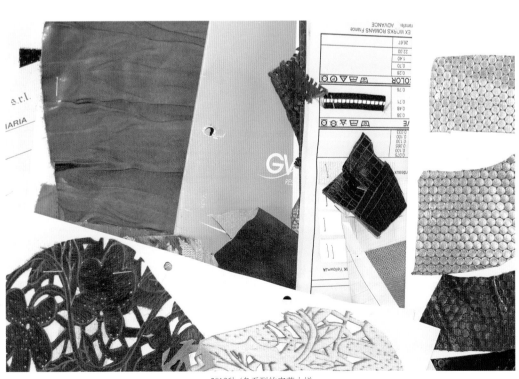

2013秋/冬系列的皮革小样

克里斯托弗·香农

2008秋/冬系列的设计手稿

克里斯托弗·香农侧重于设计有新型面料修饰的商业性运动男装。

在中央圣马丁艺术与设计学院获得学士学位后，香农为裁缝理查德·詹姆斯（Richard James）工作一段时间后转为男装设计师吉姆·琼斯（Kim Jones）工作，最后与他的偶像著名设计师朱迪·布雷姆合作（Judy Blame）。随后，他返回中央圣马丁艺术与设计学院攻读男装硕士学位，2008年的毕业系列作品包括与Eastpak、耐克、新百伦和李维斯等国际知名品牌的合作，卡尔文·克莱恩（Calvin Klein）为他的面料提供赞助。

ChRISTOPHER SHANNON

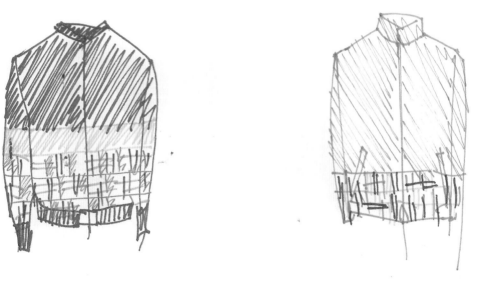

2012春/夏系列"马德拉斯轰炸机"的设计手稿

在2010/11秋/冬系列中，香农获得了"NEWGEN MEN"（为支持男装设计师新秀而开展的时装周活动）的赞助。他的2009春/夏系列首场T台秀展示的就是受运动风格影响的适宜穿着的男装系列。

您是否使用速写本？我只在活页纸上工作。我还记得，大学的时候在速写本上画了张无用的图，然后就再也不想用那本子了。我也喜欢能够把活页纸全部摊放出来，而不是跟翻书一样一张张翻动的感觉。一开始是杂乱的一摊，后来就会成为不同的东西。服装发布会之后，回头看一些未完成的东西，却发现一切最终成为如此完美无瑕的作品，那种感觉真是出乎意料。

您如何形容自己的设计过程？这个过程一半单调乏味，一半趣味盎然，并不存在真正的起点和终点。我们某个季节没有用到的图片、参考资料和布料常常以另一种方式出现在下个季节。我总是在寻找图像，和创作自己的图像一样，这也是工作的乐趣之一。我从小就热爱绘画，所以在工作室里总是有我绘制的一张张图稿。通常我的助手会把这些图稿收集起来放进一个文件夹，然后我们开始编辑工作。接着我们以一半绘画一半摄影的方式确定排列效果，虽然在正式发布之前所有的一切仍会经历变化，到这个时候，我们已然确立了自己的方向。

调研在您的设计中发挥何种作用？调研是一个持续的过程。我们设有多面调研墙。当系列走向不同方向的时候，我认为调研墙的存在至关重要。人们经常会忘记一些想做的事，需把它重新发掘出来，在最后一刻发现它是完美的补充。而且，让在工作室的其他人能够看到你个人的思想特别有帮助。一开始我使用一些图片，有时候它们只

是我钟爱的一些图片，有时候是一个相册或者是新近发现的某个摄影师的档案文件。我们也一直在调研面料和整理色彩思路。

您认为自己的调研属于个人的努力还是团队的合作？我认为所有时装工作室的工作都是团队的合作。虽然最初的理念和方向的确由我个人确定，随着季节它们会发生很大的变化。从零乱的草图到T台上的样貌，然后到世界各地商场的货架，凭个人一己之力根本无法完成。

您的设计过程是否涉及摄影、绘画和阅读？当然会涉及到以上全部内容。我很难把这些视作我的设计过程，因为这就是我从事的工作。不论是否在进行设计工作，我一直就对它们深深着迷。除了在试衣阶段，我现在拍照拍得少了。我一直在画画。直到在中央圣马丁艺术与设计学院读硕士之后我才开始喜欢自己绘制的图画。画富于表现力的插画对我而言总是很有压力。这些插画看起来多半糟糕做作。把某个想法潦草地记下，理解它，用简略的方式设计它，这可是真正的技术。

什么是您的设计过程中最令人愉快的部分？调研图像非常开心，但当一切顺利进行，你感觉自己深深着迷的时候特别令人愉快。让人心烦的事情是在工作室里经常遇到困难或者生产不顺，比如面料告罄或者在运输过程中遗失，又或者工厂延迟发货。如果去除运营公司的压力，那么整个设计工作将是完完全全的乐事一桩。

2011春/夏运动衫系列的调研

2012春/夏系列"马德拉斯轰炸机"的设计手稿

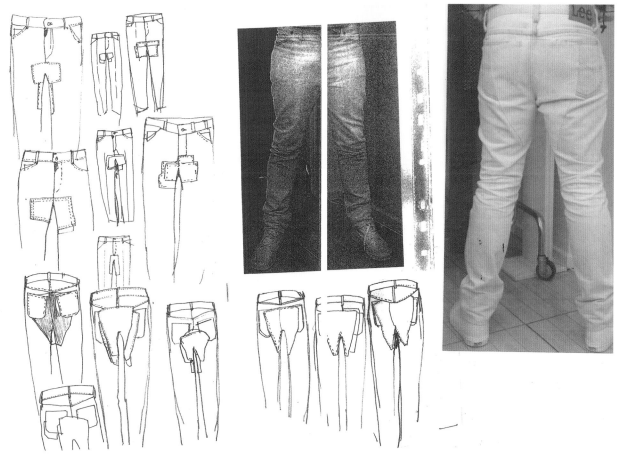

2011秋/冬系列牛仔裤的调研和设计手稿

是什么推动您的设计过程？获得硕士学位后，我做过大量的调研工作，到处都放置着盒子和文件夹，我推出的首个系列都来自这些调研。然后，我就对这样的工作感觉腻烦了。我尝试避免重复。唯一稳定不变的元素就是我的品位，它充斥于所有的一切。不论包含有其他什么元素，有一种适体性，还有一种我喜欢的并常常为之吸引的样式。我总希望廓型适合穿戴。我憎恨哈伦裤、过尖过大的肩部或者任何过于科幻的服装样式。

您使用何种资源作为灵感来源？您是否经常重温某些资源？我觉得人能随处获得想法和理念。对我而言，最佳的就是我出门散步时的所见，比如人们的着装风格、面料破旧的方式以及所有在大街上或者品牌服装专卖店买不到的东西。这些你无法轻松创造的东西就是最好的。

在您的设计过程中不可或缺的材料是什么？我的确对钢笔有具体的要求，但不要花哨的笔。有的超市里卖的笔我很喜欢。不像有些人顺手牵羊弄一两枝，我都是一次买上很多。有时候，我也用活动铅笔，但是我发现自己过于紧张，常常弄断铅芯。我无法忍受图画中毛茸茸的细线条，它会让我感觉极不自在。除此之外，我还需要一张大大的白色写字台，我会特别注意让它时刻保持干净。我还需要随处可取的A4复印纸。

您的设计过程是否总是遵循相同的路径？我的设计过程现在有一种韵律感，不过要不是这样的话我们也会一事无成。所以，设计过程必须有一种结构感，但是逐渐地你会明白，要是什么行不通你就只能放弃，即便那是你特别钟情的东西也不例外。换个时间你会回头再来。我不愿意让工作方式决定设计方面的决策。

得知某个设计可行之际，是否有那么一刻，您会欢呼一声"我发现了"？那一刻更是如释重负的感觉。

一天里您是否在某个特定的时刻最有创意？我觉得好的创意都是在不受打扰的行走中获得的。而且晚上临睡前或者在早晨睡意朦胧，醒了又睡的时刻，我也很有创意。我想最有创意的时刻就是感觉特别放松的时候。

您是否拥有参与设计过程的团队？我的团队为我提供反馈意见，也能引入一些与初始理念相关的东西，从而推进我的调研工作。我们在试衣阶段会交流讨论，要是他们挑剔我认为难弄的部分，我们会对其进行删除。不过有时候，要是所有人都反对某样东西，我反而会想把它留下来。

您的调研和设计工作何时从2D平面效果转换为3D立体效果？如何进行这一转换呢？用坯布制作服装的时候，我们的工作转到3D立体效果。我们进行大量试穿，用不同的面料重新制作单件服装。只有拥有一定数量的服装时，才能真正地看见特定效果。那一刻也就是你首次了解该效果是否可行的时刻。

克莱门茨·里贝罗
CLEMENTS RIBEIRO

tibetan lambs hair

chiffon

lashes fringes stitched down

克莱门茨·里贝罗1997春/夏"亚特兰蒂斯"系列尝试用刺绣解读水母的形象。上图一次成像的照片展示了一件有水母图案的上衣样衣,把边饰和发荧光的玻璃珠刺绣夹在黑色薄纱和修剪平整的绸布之间

设计师伉俪苏珊娜·克莱门茨（Suzanne Clements）和以内西·里贝罗（Inacio Ribeiro）共同创立了自主品牌"克莱门茨·里贝罗"。两人相识于中央圣马丁艺术与设计学院，毕业成家后，将他们英国和巴西的生活背景融入了自己的事业。20多年以来，这对设计师夫妇创作了充满奇思妙想、不拘一格的作品。克莱门茨说："我们俩称之为笨拙的服装设计。"2000年，他们同意接手巴黎的卡夏尔（Cacharel）品牌，此举可谓毁誉参半。2007年，他们决定回归自己的自主品牌，该品牌以其充满女人味的设计、大胆使用印花和羊毛织物而著称，服装的特色体现为丰富的色彩、图案以及出其不意、创意无限地运用材料。他们张弛有度，不走极端。他们的混搭手法在古怪和优雅之间达到微妙的平衡并将这种平衡称之为"蓄意失衡。"

克莱门茨·里贝罗为"亚特兰蒂斯"系列尝试用刺绣解读水母的形象

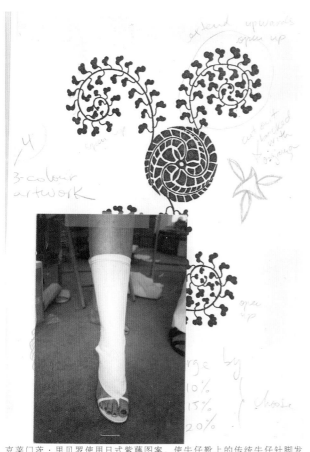

克莱门茨·里贝罗使用日式紫藤图案，使牛仔靴上的传统牛仔针脚发生变化，1997春/夏"亚特兰蒂斯"系列，与莫罗·伯拉尼克（Manolo Blahnik）合作

克莱门茨·里贝罗于2009年开始了一系列他们称之为"项目"的升级再造系列。每个项目都专注于将过时的服装物件，例如旧羊绒衫、丝巾或者绣品，改造成独具特色的作品。克莱门茨·里贝罗的服装特色是紧身裙及其对优雅外表的低调处理方式。该品牌的标志性的宽下摆女裙、男士开襟羊毛衫和紧身裙一直受到精益求精的顾客们的青睐。

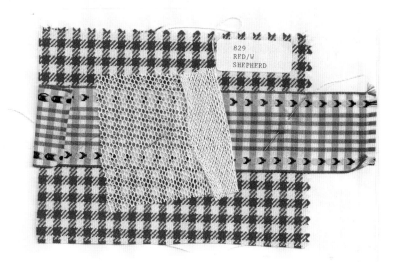

1997秋/冬"朋克装"系列的色彩基调板，克莱门茨·里贝罗的速写本总是有很明显的旅行剪贴簿的元素，他们将随意的视觉元素与面料小样打散并置在上面，形成服装系列的"大杂烩"

您是否使用速写本？我们的调研放在Ordning & Reda牌的速写簿里，每个季节用不同的色彩以便参考。速写全部收集在内有廉价纸张的A4活页夹里。我们在横向摆放的纸张上进行速写，每个页面上绘制四到五个廓型图。每个系列我们都要辛辛苦苦绘制40到150页。

您如何形容自己的设计过程？首先，所有的新系列总是与之前系列的一个对话或者是对之前系列的反应。这样，新系列就拥有了此时自然而至的新鲜灵感。我们的系列以有序和随机的混合方式逐渐发展。我们追求一致性和聚焦点，但内心深处总有一种叛逆精神推动我们超越局限。

调研在您的设计中发挥何种作用？过去调研的范围很广而且饶有趣味。我们是调研材料的囤积者。多年以来，我们已经创建了特定的语汇，会经常不自主地回顾这些特定语汇。如今我们的调研非常敏锐而且目的明确。

您认为自己的调研属于个人的努力还是团队的合作？我们的调研是非常个性化的，特别是速写稿不太轻易流出我们的工作室。

您的设计过程是否涉及摄影、绘画和阅读？我们的设计过程涉及大量的绘图，通常对同一关键概念会绘制多个版本。图案是我们的创意中心，对图案的挑选和创作会引发或者促进调研过程。

什么是您的设计过程中最令人愉快的部分？我们喜欢对图案进行调研和最后的试穿。有时候，绘图困难重重，因为我们的双手经常难以将内心中那种强烈和清晰的理念表达出来！首次试穿也常常令人痛苦。我们并非亲自制板，所以设计的首个版本需要进行大幅改动，这会挑战我们的信心。

是什么推动您的设计过程？我们的速写本常用作参考。往往，某个系列的前期草图就是直接出自之前的速写本。我们经常重温旧的速写本，且一定会找到之前未曾探讨过的好主意，我们也一直从这些速写本中获得灵感。

您使用何种资源作为灵感来源？您是否经常重温某些资源？所有的艺术表达形式都赋予我们灵感。书本和展览一直是我们的灵感之源，但是活生生的人和时尚杂志常常为我们的新理念或者当前兴趣点中的变化提供一个跳板。不过，我们从来不是抱着去寻找灵感的目的才去观看展览或者电影！我们发现，创意过程是不能这样强求的。

在您的设计过程中不可或缺的材料是什么？我们使用A4速写簿作为移动的展示板，把剪贴画、样片和笔记粘贴上去。在散页纸上绘制草图后，把草图放进活页夹归档保存。我们都不喜欢用之前的材料继续工作，所以归档后就结束了。选择概念和草图之际，展示板不可或缺。

您的设计过程是否总是遵循相同的路径？当然啦。我们有自己的条理，在条理中也有着疯狂。不过，设计过程常常都不是一帆风顺。在创作的时候，混乱状态反而会激发创意，有时候也必不可少。

得知某个设计可行之际，是否有那么一刻，您会欢呼一声"我发现了"？的确会有那么一刻。当这一刻到来之际，感觉真是不可思议。因为这一刻不仅奠定了设计系列的根基，也夯实了我们的信心。

您是否拥有钟爱的工作场所？在家里。

一天里您是否在某个特定的时刻最有创意？只要我们打算放松暂停工作的时候，我们最有创意。

您是否拥有参与设计过程的团队？在开发印花图案时，我们有一位出色的合作伙伴。她在技术方面拥有我们无法媲美之处。她也拥有令人难以置信的品位和敏锐的创造力，把我们的设计理念推至新的水平。我们也与一位创意刺绣艺术家共事，她也常常受到我们理念的激发，并为我们的简要陈述提供富于创造性的解决方案。我们没有设计助理。

您的调研和设计工作何时从2D平面效果转换为3D立体效果？如何进行这一转换呢？当我们向裁剪师团队提出我们的想法或者草图时。

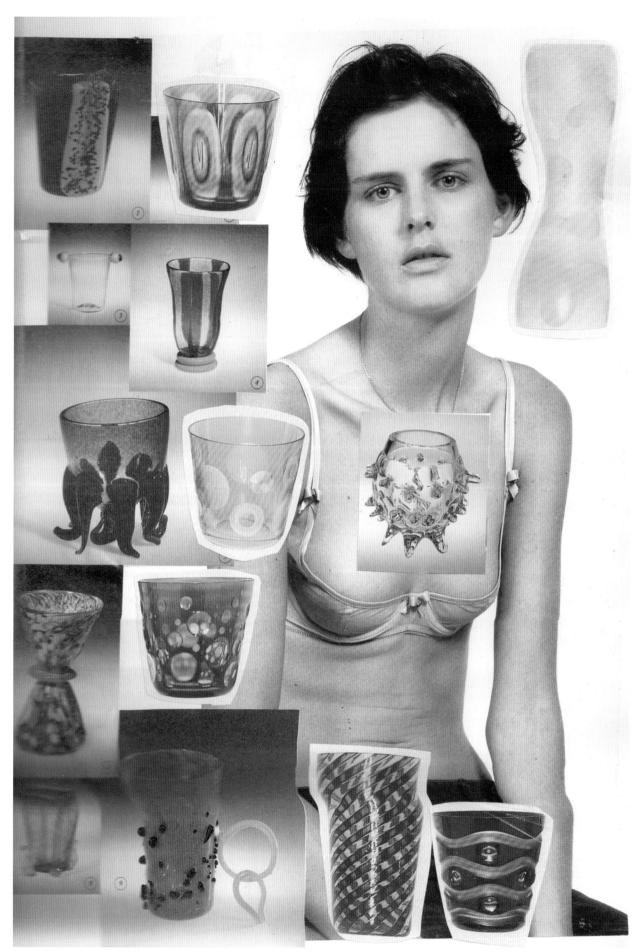

为"亚特兰蒂斯"系列的水母刺绣和色调范围观察幕拉诺玻璃厂的玻璃花瓶，作为对色彩和蛋白色光的调研

heavy embroidery + tassels

cape

metallic lace side opens cut in once with front of skirt

olive linen? (cotton?)

metallic lace double gathered ruffle smocked top with elasticated waist

dart onto which back of skirt is attached down to hip line where it is open.

sequined net

plain net

克莱门茨·里贝罗采购了一种他们称之为"缝制"的奇怪的随意的丝绸流苏，随后他们将这个边饰用作晚礼服设计的基础，该晚礼服的设计受法国前卫艺术家埃尔泰（Erte）的启发，他们一度也曾受传统巴西印第安部落的雅诺马马人的启发，考虑过使用羽毛臂环

受埃尔泰启发所创作的晚礼服的灵感素材。为了表现单纯的视觉效果和随意自由的组合效果，该灵感与雅诺马马人的正式服装形成对比

三叶草峡谷

CLOVER CANYON

鲁扎伊·尼克尔斯（Rozae Nichols）借鉴了她对加利福尼亚州的文化和生活方式的了解和亲身体验，设计了她的三叶草峡谷品牌，专注于与手工裁剪的廓型形成对比的大胆印花和色彩。该品牌于2011年推出，从艺术界中获取灵感来创作独出心裁的图形设计和梦幻般的风景印花。

2013年春季三叶草峡谷系列的插图

　　三叶草峡谷的所有服装系列都表现了令人欢欣、兼收并蓄的想象力。其流畅的现代廓型和图形形式生动地展示了迷人的自信力。所有系列都是在工作室内设计、印花、裁剪及缝制的。由当地的印厂和缝制机构精细制作，每件衣服都是协作理念的成果。三叶草峡谷品牌反映了悠久的传统和审美理念，将艺术讽喻和独特的、可穿戴的、流线型的形式结合在一起，但同时始终秉承着"加州制造"的可贵精神。

您如何形容自己的设计过程？我们的设计过程是理念、会谈和对话从"宏观到微观"，从外部到内部，从普通物件到视觉符号的诗意排列等的结合，所有一切都小心翼翼地彼此碰撞来讲述一个服装季的故事。然后以这个故事作为开端，每个特定的廓型都有对应的艺术作品，这会进一步定义和诠释我们的印花背后的故事。

调研在您的设计中发挥何种作用？我们的调研是一个奇妙的旅程，将我们带入纺织品历史、纯艺术图像、收集的照片、织物肌理，如此等等。多个图像结合起来时，我们会对混合在一起的涵义开展有趣的讨论。

您的设计过程是否涉及摄影、绘画和阅读？所有这些、实际的和梦寐以求的旅途、真实的现实生活以及严肃的和想入非非的想法都能结合在一起，形成完全不同的形象。例如，这个秋季服装系列的部分故事就是展示非洲错综复杂的串珠绣的"美丽平等"和"珍贵"宝石的西方理念。这些图像符号被结合起来，意在表明对美丽的描绘存在模糊不清的等级差别。

什么是您的设计过程中最令人愉快的部分？调研和早期的概念总是让人欢欣鼓舞。

设计过程中是否有你不喜欢或者觉得困难的部分？制作之前的工作，那时要创作出最为严苛的细节来确保制作出来的服装能达到我们的最高标准。我喜欢这样的工作，但是这也是最具挑战性的阶段，因为到这个时候，我们的服装系列已经完工，设计已经完成，并已经展示了两个月以上，而且我们已经全身心地投入到下一季的设计过程。但是，在整个制作过程期间，经常性地回顾并完善上个系列的作品也非常必要，这样能确保我们客户的绝对幸福感。

是什么推动您的设计过程？我们超级喜欢纺织业的历史，也常常回归使用佩斯利花纹、印花薄软绸和边界加框的构成。这些是我们基本的标志性元素。我们始终如一的灵感来源就是用新的比例和经过重组的传统图案为人体加框。

您使用何种资源作为灵感来源？我们的资源和材料库相当庞大，须经过一步步的缜密调查才能过滤筛选所有的灵感。

在您的设计过程中不可或缺的材料是什么？我们最初的技巧主要是数码图形设计过程。可是，这个比用Photoshop简单处理图像要复杂得多。这也涉及重组各种形式的材料，进行编辑，再次重组，然后用最最深思熟虑并富于想象力的方式将它们拼贴在一起。

您的设计过程是否总是遵循相同的路径？是否有特定的方式方法？当然，从图形、服装纸样设计、工作室内的裁剪和缝制，我们已经开发了一个极为熟练流畅的过程。我们的内部和本地制作方法是每个季节所体现的艺术和所传达信息的必要组成部分。

得知某个设计可行之际，是否有那么一刻，您会欢呼一声"我发现了"？这个倒不一定，因为设计过程是一个不断发展的过程。

您是否拥有钟爱的工作场所？在制图桌旁，与我们洛杉矶工厂不可思议的团队携手共进。

一天里您是否在某个特定的时刻最有创意？凌晨三点时的梦幻状态。

您是否拥有参与设计过程的团队？我们的设计团队是三叶草峡谷系列的中心所在。从设计到精美复杂的动手制作过程，我们的团队一直齐心协力。

您的调研和设计工作何时从2D平面效果转换为3D立体效果？如何进行这一转换呢？因为我们创造自己独特的艺术作品，它们为身体轮廓和个体量身定制，所以我们的设计过程总是2D和3D立体效果同步进行的。

您是否使用速写本？如果您使用速写本，您会如何从视觉角度描绘它呢？形状、文字和物体等方面的小东西。速写本上大多数是文字，用来提醒自己相关思绪的线索，以此与头脑中的形象连接起来。

您认为自己的调研属于个人的努力还是团队的合作？三叶草峡谷品牌是一个真正的梦之队，将情感、才干、技巧和形式进行统一的、相互协作的拼贴。

2013年春季三叶草峡谷系列的插图

针织服装设计师克雷格·劳伦斯自推出2009/10秋/冬系列后，在伦敦时装周展示了他的实验性系列针织设计作品。从颓废派文艺和腐朽中吸取元素，劳伦斯着眼于英国的特别之处，如经典的滨海城镇，然后在碎片化的极端廓型中对其进行重新诠释。在最初的6个季节里，他为加勒斯-普（Gareth Pugh）春/夏高级成衣品牌设计针织服装，他的2012春/夏系列连续六季获得"NEWGEN"项目的赞助。他的设计作品出现在世界各地主要的时尚刊物中，包括*AnOther*'s'SS杂志2009专访英国女演员蒂尔达·斯文顿（Tilda Swinton）的那一期。他的作品也受到不少音乐人的青睐，包括冰岛歌手比约克（Björk）、欧美流行音乐天后嘎嘎小姐（Lady Gaga）和爱尔兰歌手帕特里克·沃尔夫（Patrick Wolf）。

克雷格·劳伦斯

克雷格·劳伦斯在中央圣马丁艺术与设计学院的毕业作品系列。可吸墨水的圆珠笔、毡制笔和金属色马克笔绘图，带有镂空元素和针织紧身裤的六角星形

克雷格·劳伦斯在中央圣马丁艺术与设计学院的毕业作品系列。铅笔和细线签字笔绘制。使用部分针织、六角形装饰品和V形针法缝制的紧身衣裤三件套

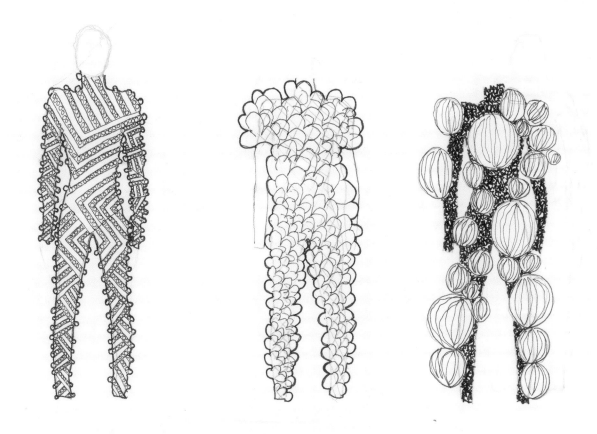

CRAIG LAWRENCE

劳伦斯以打破实验性针织服装的界限而闻名。他俏皮的手法集中探讨常规廓型的比例。他认为，纱线可以转化成任何形状或结构。很多创意服装都是手工编织的。从优雅曳地的礼服到带有超大袖子的针织上衣，袖子看起来好像是在水下漂浮般的海藻。劳伦斯的设计似乎拥有自己的主见，是与通常的羊毛衫和毛衣截然不同的服装。

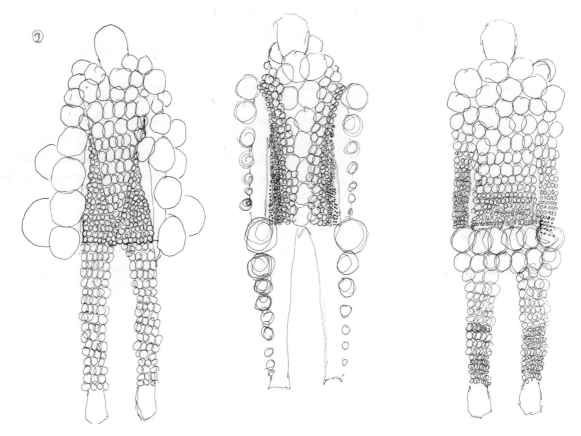

您是否使用速写本？一旦有了我想要拓展的面料小样，我就能画出草图。勾勒出从未创造出来的纹理非常艰难，所以第一步总是触觉上的实验。

您如何形容自己的设计过程？开始设计之初我通常回家一趟，从DIY店铺和童年玩耍过的地方获得灵感。接着，我会对材料和毛线进行调研。毛线能够补充我对该季服装的想法与理念。款式和廓型常常受到材料的限制，反之不然。

调研在您的设计中发挥何种作用？调研工作非常重要，但此过程对我而言并非井然有序。我对织物的质地感兴趣，所以只要找到这个，调研就无处不在。

您认为自己的调研属于个人的努力还是团队的合作？灵感是一个个人化的过程，但是随后，我的团队帮助我对其进行开发，并寻找方式将其打造为更具商业化或者可穿戴性的东西。

您的设计过程是否涉及摄影、绘画和阅读？不，我的设计过程更多地围绕我在伦敦的日常生活中所吸收理解的东西。

什么是您的设计过程中最令人愉快的部分？最激动人心的时刻就是找到跟当季灵感完全符合的编织新材料。最艰难的部分在于服装发布之前对所有的东西进行编辑筛选。

是什么推动您的设计过程？童年的记忆和长大成人的过程中游玩过的地方。要不然，我的动力就来自我希望表达出自己对针织服装的个人看法以及对先入之见的挑战。

您使用何种资源作为灵感来源？您是否经常重温某些资源？随便什么都可以作为灵感来源，但我并不局限于某个特定媒介。

在您的设计过程中不可或缺的材料是什么？不可或缺的是我的乐高摄像机和小速写本。我在速写本里记笔记，提醒自己在图书馆对某些具体事项进行调研。

您的设计过程是否总是遵循相同的路径？从灵感到调研再到对材料进行试验的过程中，我的方法和路径比较模糊。

得知某个设计可行之际，是否有那么一刻，您会欢呼一声"我发现了"？那是当然了。这一刻就是当我感觉某件服装对某系列来说完全恰如其分的时候。你可以进行把玩，为这件服装创作整个系列产品，同时想象各种各样的女孩或者表演者穿着它们的样子。

您是否拥有钟爱的工作场所？我位于萨默特大楼的家中。

一天里您是否在某个特定的时刻最有创意？一般是上午。我经常醒得很早。还有我独处的时候，或者我能在工作室磨磨蹭蹭做事情的时候。

您是否拥有参与设计过程的团队？这绝对是团队成员共同努力的结果。我们对新设想进行讨论并担当彼此的编辑。

您的调研和设计工作何时从2D平面效果转换为3D立体效果？如何进行这一转换呢？图像会被转换成编织技巧，所以当面料小样出来后，我们的工作就立即转换为3D立体工作。这些样片随后再被转化为服装。

克雷格·劳伦斯2009秋/冬系列。手工编织带小饰品的缎带裙设计手稿，铅笔和毡制笔绘制

从中央圣马丁艺术与设计学院硕士毕业后，海震·王为Ghost品牌创始人坦尼娅·萨妮（Tanya Sarne）的Handwritten品牌以及All Saints、布迪卡（Boudicca）和麦斯玛拉（Max Mara）品牌工作，随后于2010年创办自己的个人品牌海震·王。

海震·王

2013春/夏系列的设计拼图

HAIZHEN WANG

　　海震·王在伦敦和巴黎时装周推出"A11"系列的首场个人秀并获得好评。2012年他荣获国际时尚评论大师柯林·麦克道威尔（Colin McDowell）和巴宝莉创意总监克里斯托弗·贝利(Christopher Bailey)推选的"时装边缘"大奖。海震·王的服装系列采取极端的手法，运用灵感来自日本武士盔甲的极富创意的线条。极富结构感的短裙腰带、借鉴有阳刚之气的女人味、配搭合身的流行裤装，所有这些都着重强调了宝蓝和纯黑的色彩选择。

　　作为前沿设计师，海震·王迅速名声大噪。受到无暇工艺的启发，他的设计作品表现了复杂性和现代感。它们将高品质面料和专业的后处理进行混搭，推出了标志性的定制夹克和既新颖又具有可穿戴性的柔软服装。

您如何形容自己的设计过程？设计的起点可能来自一个产品、一个图像或者一个故事。我从多种渠道收集灵感，整个设计过程包括：用材料直接工作、测试技巧、根据人模进行设计、绘图和纸样裁剪。这是一个非常系统的过程，其中包含多种因素的产生、终结和成长。

调研在您的设计中发挥何种作用？你能否描述一下自己的设计过程？某个系列的概念和理念来源于观察，是刻意的认知也是无意中的偶遇。调研自己意欲拓展的领域始终具有极大的重要性。诚如你的起点来自观察，也很有必要更深入地挖掘你要开发的产品。对于个人工作，我倾向于尽可能地收集自己打算进军领域的相关信息。这总能带来一些惊喜，让你更加明了，有时候你的工作路线也可能会发生小幅变动。

您的设计过程是否涉及摄影、绘画和阅读？这是自然。在整个设计和开发过程中，用相机拍摄、绘图和用Photoshop对图片进行处理是不可缺少的工作。制作坯布样衣后又要重新绘图。我常常会翻阅自己多年前收集图像和照片的文件夹，并将其用作新理念的起点。

什么是您的设计过程中最令人愉快的部分？显然，一名设计师会常常苦于没有灵感的光顾，不过我把这个当做一个挑战来面对。罕有灵感和创意在我们的身边飘过，触手可及，只有通过专注和努力的工作才能获得它们。

是什么推动您的设计过程？我工作室周围的区域总能为我提供灵感源泉。每到周末，波多贝露路上就摆满了市场摊位，聚集着各族商贩。所以我喜欢在那里晃悠，也总能想到有趣的想法，找到有意思的东西。

您使用何种资源作为灵感来源？您是否经常重温某些资源？作为设计师，我对精巧工艺和出色的技术品质满怀热情。好奇心引导我调研新技巧、历史传统和外国文化。我经常造访图书馆和博物馆，这对我来说至关重要。手中的相机也是我搜寻灵感过程中的钥匙，每当看到什么特别吸引注意力的东西，我就会把它记录下来。

在您的设计过程中不可或缺的材料是什么？我不喜欢用线性的方式绘制草图。通过外观和墨水将各种特性进行混合，这样的绘图过程更整体，也更像用真实的面料进行工作。

您的设计过程是否总是遵循相同的路径？我的设计过程本身很有条理性，但并非一成不变，这个过程在不停地发生变化，而且周遭的环境也会发生改变。有趣的事情是，当你发现从一个季节转向另一个季节的工作时，你已经获得了新的体验，而这些体验塑造了下一季节的工作方法。当然设计过程中也有一些因素保持不变。例如，对我来说，布料本身虽然对我并非是最不重要的一项，但一定是系列开发过程中必要的一部分。

得知某个设计可行之际，是否有那么一刻，您会欢呼一声"我发现了"？经过这么些年，我能快速地感觉什么可行和什么不行。不过也有一些时刻，事先并未计划的东西从某个概念中破壳而出。这就是驱使我作为设计师的动力，您总是能不断完善并寻找到完美的造型和形象。

您是否拥有钟爱的工作场所？我的大部分日子是在工作室里度过的。多年之后，我已经建立了相当不错的档案库，里面有书籍、杂志、图片、纸样和服装，这些是我灵感的宝库。置身于工作室，我就已经拥有了大多数所需资源。

一天里您是否在某个特定的时刻最有创意？晚上，别人都离开了，留下我独自拥有整个工作室的时候。

您是否拥有参与设计过程的团队？当然。虽然倾向于亲自完成大部分设计，我还是会利用身边的才力，因为知晓从别人的角度看某个主题的重要性。我会概述自己的构想，然后让团队成员对其进行开发。我们都以绘图和根据人体模型进行设计开始工作。

您的调研和设计工作何时从2D平面效果转换为3D立体效果？如何进行这一转换呢？因为常常以某个具体的技巧或者物品开始，设计过程经常在2D平面效果和3D立体效果之间转换。调研和设计工作与用材料、技术和纸样进行测试和实验的工作总是携手并进，密不可分。

您是否使用速写本？如果您使用速写本，您会如何从视觉角度描绘它呢？我用速写板！这样我能够经常沉浸于自己所创造的直观世界之中。我喜欢看到整个系列内容的全景，让不同元素彼此紧挨着，而不是把所有的东西都放进书里。这样，我可以清清楚楚地看出哪些元素具有重要性并需要突出表现。

您认为自己的调研属于个人的努力还是团队的合作？因为调研是一个综合性的任务，我邀请团队成员们加入调研过程。我非常珍视这种团队合作精神。

2013春/夏系列纸张和照片拼贴

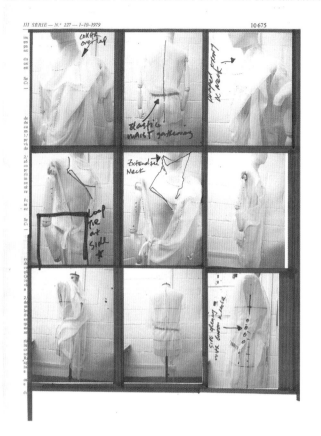

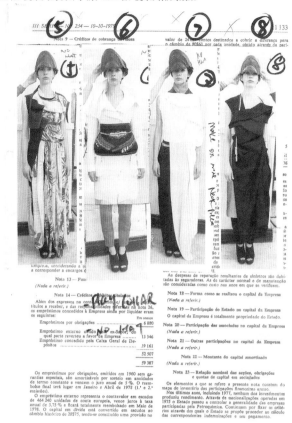

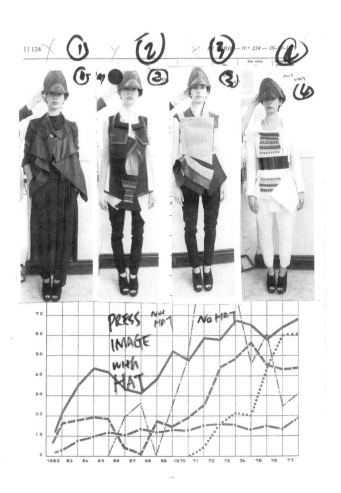

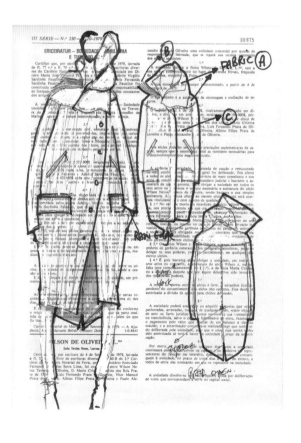

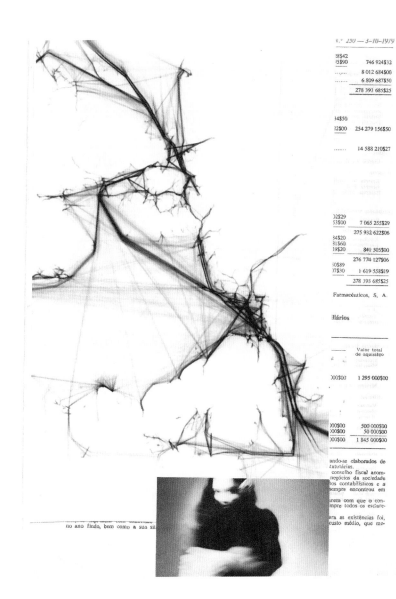

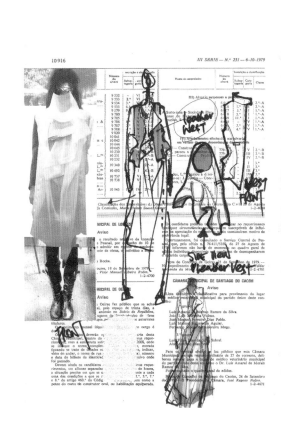

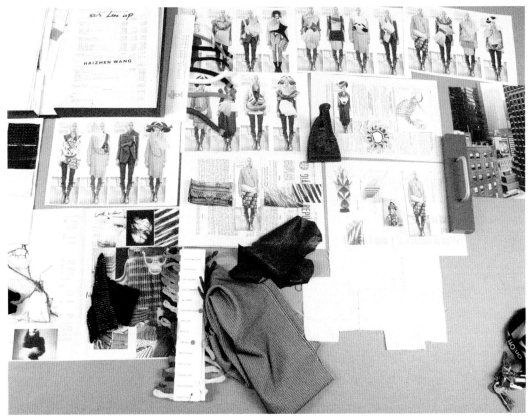

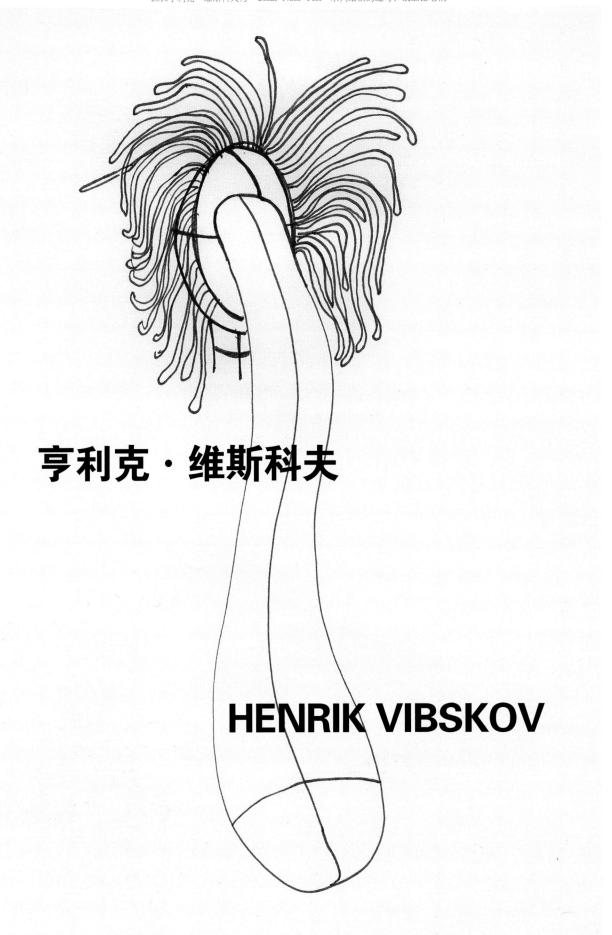

亨利克·维斯科夫

HENRIK VIBSKOV

自2003年以来，丹麦设计师亨利克·维斯科夫一直在巴黎男装时装周发布系列新品。他是唯一一名正式参展的斯堪的纳维亚人。在中央圣马丁艺术与设计学院求学后，他于2001年创立了以自己名字命名的品牌。

维斯科夫品牌的服装在全球各地的精选商店和设计师自己在哥本哈根和奥斯陆的商店有售。商店的装饰和标签的设计都表现了设计师特有的新奇创意和独特风格。斯堪的纳维亚时装界以及海外的众多粉丝都热爱色彩缤纷的针织衫、连衣裙和新颖独特的印花。维斯科夫因其大胆创新和不拘一格的服装而著称于世。据称，他对时装拥有一种从容不迫的态度，其服装作品表现了明亮的色调以及服装结构上清晰的工艺线条。

维斯科夫不仅是一位时装设计师，也是一位视觉艺术家、音乐人、舞美设计和多才多艺的创意人士。他的时装发布会让人们愉快地暂时忘却潮流化品牌的局限，呈现了一场丰富多彩的表演秀。他对时装进行现代化诠释，将幽默、工艺和对细节的关注融合在一起，将经典造型进行重新混合的同时仍参照传统剪裁工艺。

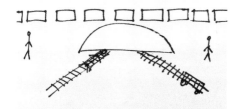

亨利克·维斯科夫为2011年柏林"根本本能"装置绘制的草图，纸上钢笔画

2009春/夏"帐篷之城"系列的"伯顿"数字印花。照片摄影：阿拉斯泰尔·菲利普·沃坡

您是否使用速写本？当然，我有很多速写本。有的里面是新旧夹杂的一些东西。我喜欢用这个来记录工作安排。

您如何形容自己的设计过程？带着临近最后期限的一堆任务，在阳光下的丛林中安排一次佳能相机之旅。

调研在您的设计中发挥何种作用？我们没什么时间进行调研，每个季节最多只有一个星期的时间用在调研上。但是之后随着工作的进展，我们会进行调研工作。

是什么推动您的设计过程？步行或者躺下，逛图书馆和博物馆或者聆听别人或者邻居讲述稀奇古怪的老故事。

您的设计过程是否涉及摄影、绘画和阅读？仅涉及快速绘制草图和在飞机上阅读。

什么是您的设计过程中最令人不快的部分？我真的不太喜欢设计过程的开端。

在您的设计过程中不可或缺的材料是什么？从卷烟纸到报纸，任何我能绘制草图的东西。

您是否拥有钟爱的工作场所？不，我的工作场所相当灵活。

一天里您是否在某个特定的时刻最有创意？凌晨4到6点钟之间。

您的调研和设计工作何时从2D平面效果转换为3D立体效果？如何进行这一转换呢？在设计过程的后三分之一期间。

2007春/夏 "The Big Wet Booies" 系列的灵感和草图拼贴图。钢笔、纸张和喷墨打印。照片摄影：阿拉斯泰尔·菲利普·沃坡

fake bods

DAVIS CUP
OFFICIAL BALL

S

M

L

XS
S
M
L
XL

XSMLXL

XSMLX

XSML_XL

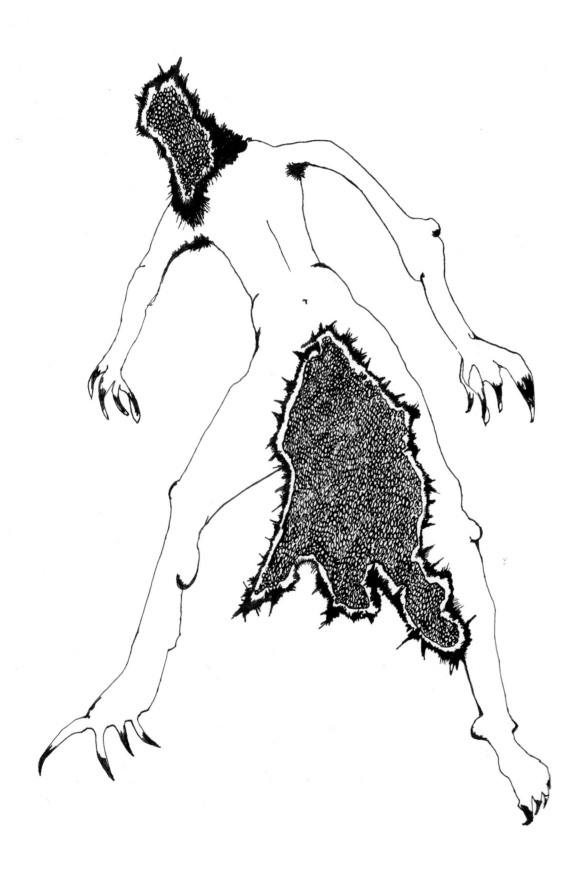

"前面办事业，后面开舞会"，亨利克·维斯科夫2011年绘制的手稿，纸上钢笔画

亨利克·维斯科夫2001春/夏"猪群"系列的设计手稿，纸上钢笔画

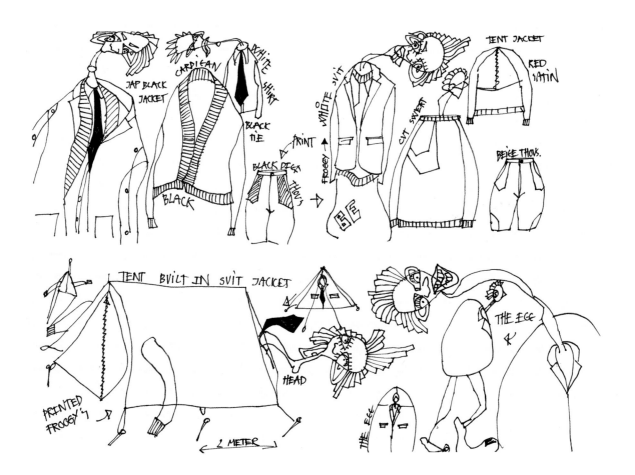

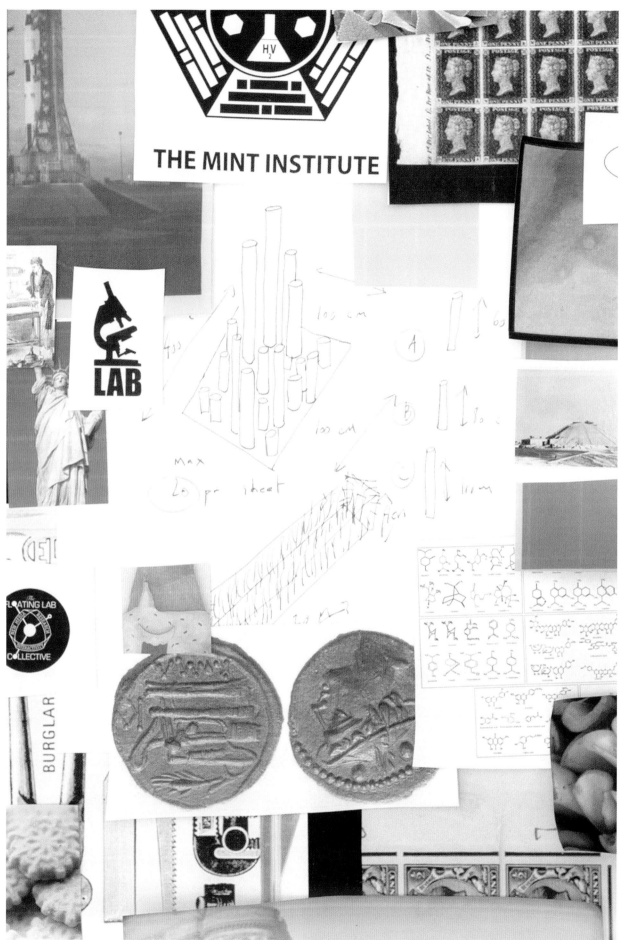

亨利克·维斯科夫2009秋/冬 "造币厂学院" 系列的灵感和草图拼贴图, 钢笔、纸张和喷墨打印。照片摄影: 阿拉斯泰尔·菲利普·沃坡

85

亨利克·维斯科夫2011春/夏“最后的喧嚣码头”系列的灵感和草图拼贴图，钢笔、纸张和喷墨打印。照片摄影：阿拉斯泰尔·菲利普·沃坡

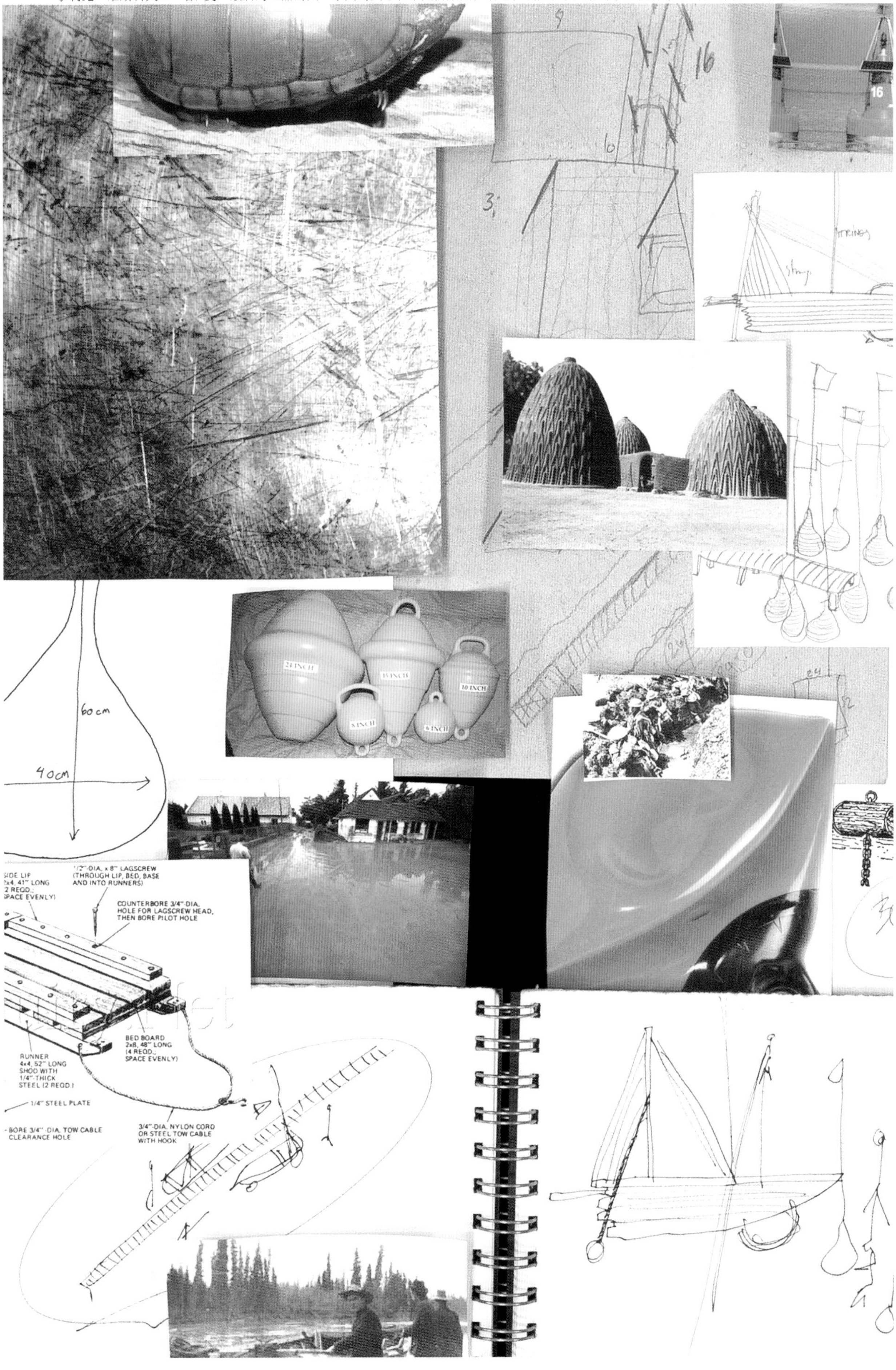

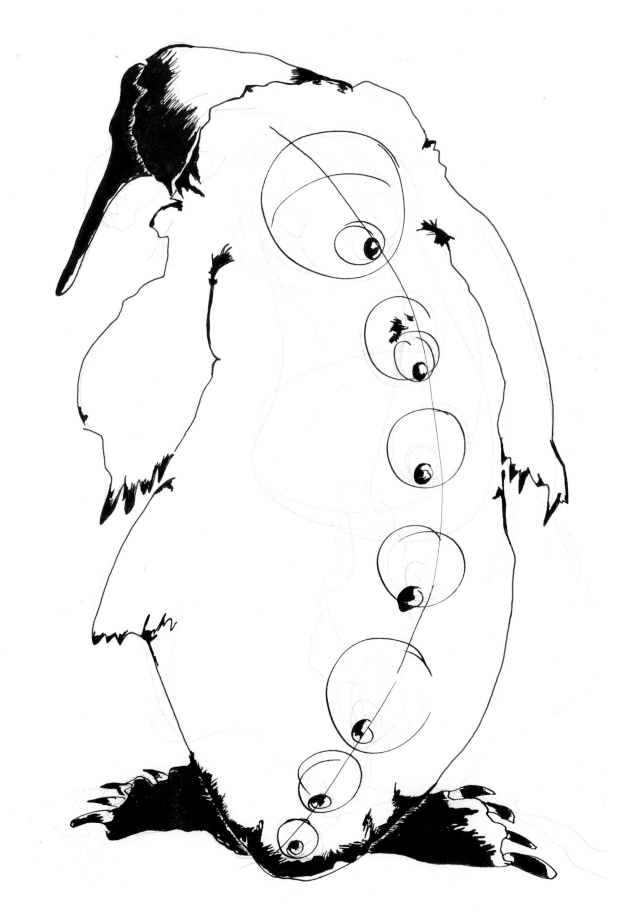

亨利克·维斯科夫2011年"问题企鹅"系列的设计手稿，纸上钢笔画

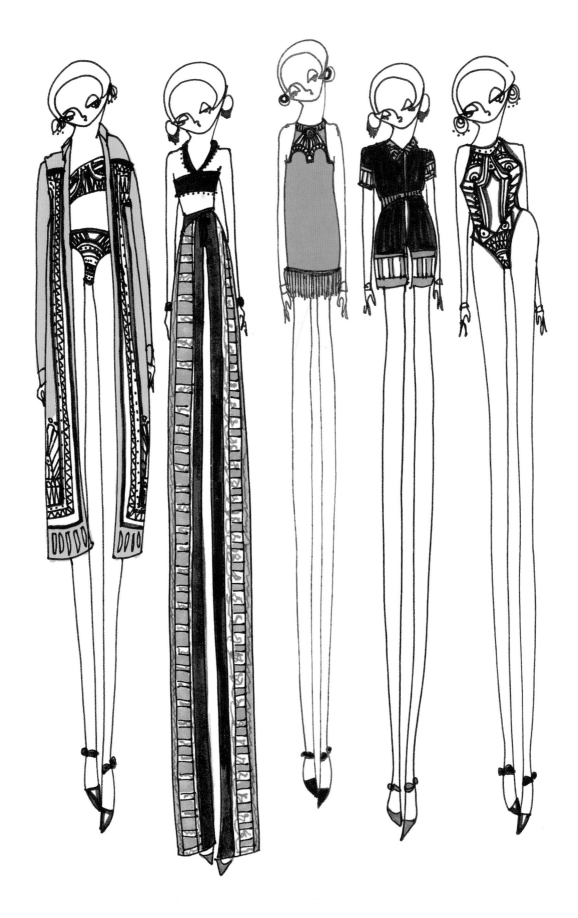

2012春/夏系列的最后手稿，钢笔和马克笔绘制

霍莉·富尔顿

HOLLY FULTON

霍莉·富尔顿毕业于英国皇家艺术学院，于2009和2010年获得苏格兰青年设计师年度大奖。2009年，她还赢得了英国时装界大奖：施华洛世奇新锐配饰人才奖和EllE风尚大奖。

富尔顿努力打破现代时装的界限，她捕捉了表达自我宣言之魅力的精髓。她的系列常常显得珠光宝气，总是以一种兼收并蓄的方式，将现代性的材料与奢侈豪华的修饰结合。对手工剪裁的设计、分层的塑胶拼贴和用金属丝、塑料和金属包裹的饰品来说，简单的形状是完美的搭配。纺织品和装饰性元素的使用是富尔顿工作的关键。她将此关键元素与对个性和品质的追求结合起来，创造出独特的女装。

富尔顿的灵感来自纽约的摩天大楼、装饰派艺术和使用现代材料对传统时装工艺进行重塑的理念。富尔顿热爱手工工艺和装饰，她的标志性风格是使用大胆的几何图形和主题珠宝装饰的简单裁剪服装。

您是否使用速写本？我有一个笔记本，我会在上面作画，记录一些想法。现在，我在活页纸上画草图，这样会比较容易把画的美女图剪开，为不成熟的想法塑形。以某种出场顺序而不是按照单独的人体查看设计作品总是大有助益。

您如何形容自己的设计过程？设计过程是真正意义上的自我放纵、一丝不苟、艰苦曲折、欢欣愉快、多姿多彩的一个过程，甚至相当有组织性。

调研在您的设计中发挥何种作用？调研至关重要，它是把潜在想法开发成完全不同作品的主要动力。我工作的开始就是看书、观察物体和收集在色彩、形式、纸样和图像方面令我激动兴奋的任何东西。我根据这些进行绘图，而绘图过程中，赋予我灵感的一些东西会脱颖而出，我也会跟进完成这些想法。最后，我会得到一大堆图像，然后把这些进行提炼，获得的关键性参考素材贴在墙上。结果，我的工作室的墙就如同有一个巨大的钉板，上面满是样片、材料、织物、宝石和水晶，最后把排列效果贴在它的中间位置。

您认为自己的调研属于个人的努力还是团队的合作？两者都有。刚开始的时候，我独自进行大多数的调研工作，直到我清晰地了解自己的工作方向。当然在这个期间我都欢迎别人提供意见和建议。我不太善于对自己的思路保密；它们总是让人兴奋激动，无法让人对其保持沉默。我认为团队应该参与设计过程。为了实现整个系列，所有参与者都将努力工作，因此他们也应该参与你起初为之兴奋不已的一切。

您的设计过程是否涉及摄影、绘画和阅读？主要是阅读，对跟设计理念相关的事物和图像进行整理，要是无法将它们收入囊中，我就把它们一一拍照记录下来（我个人喜欢第一手的参考资料）。

什么是您的设计过程中最令人愉快的部分？我热爱绘画。绘制草图绝对是让我有点心虚的快乐所在。对我来说，比起整理自己珍爱的图像，根据它尽快作画让我感觉更加激动人心。我通常一次画上一小群美女，当然她们个个都穿戴着全套饰品。

您使用何种资源作为灵感来源？您是否经常重温某些资源？我经常使用自己的藏品作为出发点。我喜欢四处放置一些东西，它们的色彩、图案和古怪的样子深深地吸引着我。我会受到自己所收集物品的影响，常常求助于它们获取灵感。我对设计工作感觉强烈，深深地热爱着这份工作并对其坚信不移。书对我而言非常重要，我特别信任传统的纸质版书籍，非常享受造访图书馆并沉浸于那片安宁祥和之中的感觉。电影对我也是有影响力的，法国银幕女神让娜·莫罗（Jeanne Moreau）就是在我心目中我希望用自己的服装去打扮的女人。我也热爱法国激进电影运动，德国著名插画家和平面设计师海茵茨·爱德尔曼（Heinz Edelmann）的动画在我对迷幻世界的调研中起到了关键作用。我曾把电影《赌城风云》中的琼·柯林斯（Joan Collins）和莎朗·斯通（Sharon Stone）当作自己的缪斯女神，所以可以说，电影是我心灵的重要组成部分。

在您的设计过程中不可或缺的材料是什么？黄色拉米圆珠笔、160克散页A4纸、伯爵红茶、苏打水和桑塞尔白葡萄酒。

您的设计过程是否总是遵循相同的路径？并非如此，不过，我想一开始都是由我本人大量绘图。我会整理在几周内让自己兴奋激动的相关图像或者别的什么东西，然后就会坐下来画图。用钢笔画了一会后，我会选自己深有感触的一些图画并为其添加色彩。最后，我会对美女们进行筛选，剔掉一些，仅留下大致合适的数量。但是，看到印花的时候，我还会不断地修改设计方案。我的工作对色彩要求相当高，所以看到实际的布料时，我会自然而然地对其进行修改。

得知某个设计可行之际，是否有那么一刻，您会欢呼一声"我发现了"？我清楚地知道何时发现了可行的思路，因为我只用看看草图，就会发现一直以来存在于我心目中的东西在一个小小的草图里得到了完美体现。但是只有在发布会之前，当我看到模特们排列整齐准备上场的时候，我才知道设计是否可行或者至少如我所想得以实现。当他们打理好头发化好妆后，作品系列作为一个整体形象得到发布，此刻，幸福欢欣的感觉悄然而至。

您是否拥有钟爱的工作场所？从爱丁堡乘火车到伦敦时，我一直享受在火车上的工作，有足足四个半小时的时间供我进行不受干扰的思考。在我的工作室呆到很晚也很不错，因为等别人都离开了，我可以纵情享受不停作画的乐趣。

一天里您是否在某个特定的时刻最有创意？夜深的时候，我常常觉得自己在午夜的时候信心百倍。

您是否拥有参与设计过程的团队？有两个关键人物常年与我共事，他们提供的信息和思想对我而言十分重要。在整个设计过程中，我尽力尝试让所有团队成员（自由职业者、实习生、生产商）参与设计过程，让每个人都尽其所能为其做贡献。我也喜欢了解母亲对我的理念的看法，特别是在发布会之后。她的意见对我极为重要。

您的调研和设计工作何时从2D平面效果转换为3D立体效果？如何进行这一转换呢？通常情况下，我的设计耗时6周，然后我们尽快开始用坯布进行立体剪裁。我们总是在系列完全定型之前开始设计造型，因为这也有助于决定某个设计是否可行。可以说，每个系列需要大约3个月时间方可成形。

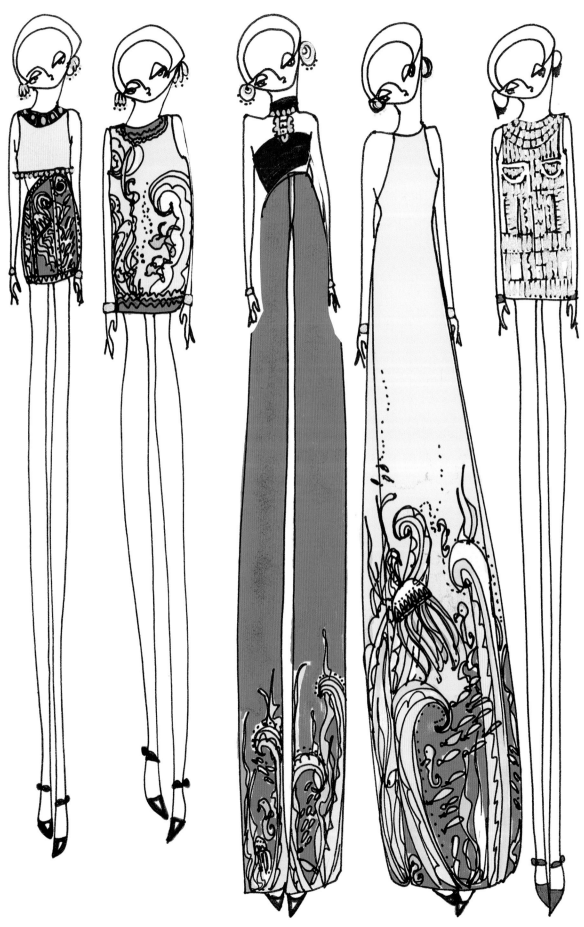

2012年春/夏系列的最终手稿，钢笔和马克笔绘制

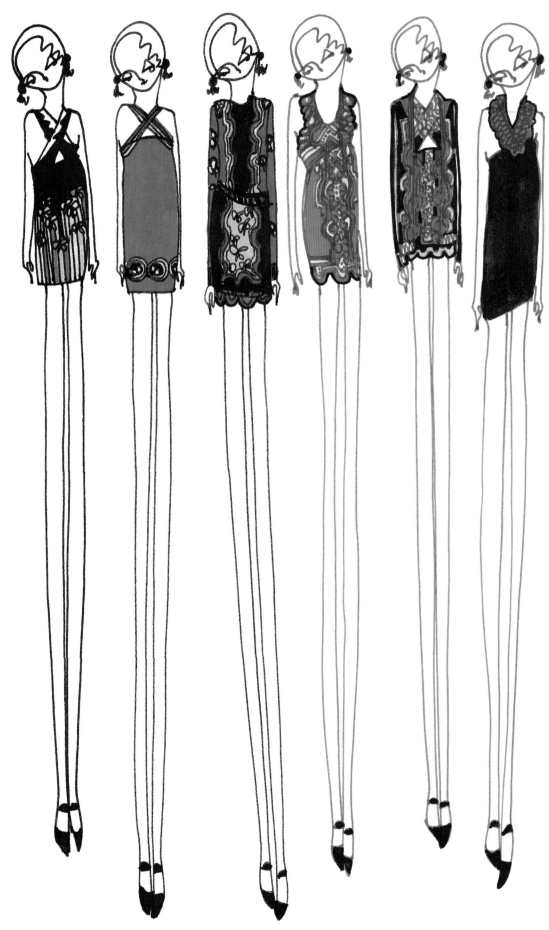

2012年秋/冬系列的最终手稿，钢笔和马克笔绘制

荷兰屋2012秋／冬针织衫系列设计稿

荷兰屋

HOUSE OF HOLLAND

从伦敦印刷学院新闻专业本科毕业后，亨利·荷兰于2006年推出富有幽默感的"标语"T恤，如"UHU Gareth Pugh"和"Get Your Freak On Giles Deacon。"标语T恤衫让亨利·荷兰风靡时装界，之后，他推出了以自己的名字命名的品牌系列。

2008年2月，在与Fashion East推出两季时装秀后，荷兰屋在时装周推出了自己的首场个人秀。该品牌随后获得了苏格兰时装界大奖"格子呢最佳应用奖。"

亨利·荷兰的设计以伦敦为视角，他的服装的目标群体是与自己眼光相同的富有创意的年轻人。伦敦街头风格和多样化的观点和文化为他提供了稳定的灵感来源。该品牌的品牌柜台数量惊人，包括Browns Focus、赛弗里奇百货公司（Selfridges）、夏菲尼高时尚商店（Harvey Nichols）、巴黎柯莱特时尚店（Colette）、潮店"开幕式"连锁店（Opening Ceremony）和美国巴尼百货商店（Barneys）。亨利·荷兰还为伦敦德本汉姆百货公司（Debenhams – H!）设计了一个极为成功的服装系列，从而进一步加强了该品牌的创意影响力。

荷兰屋2012秋／冬针织服装系列设计稿

荷兰屋2012春/夏真丝系列设计稿

荷兰屋2012春/夏异域情调牛仔系列设计稿

您是否使用速写本？我随时携带一个便签簿，上面是乱七八糟的笔记、布片、草图、所发现东西的图像和一些想法的提示。上面还有一个又一个清单，因为我喜欢列清单。

您如何形容自己的设计过程？毫无规律可循。

调研在您的设计中发挥何种作用？调研总是从不同的地方开始，可能是一个单独的图像、一种织物、一场电影，甚至是一个电视节目。这些事情总有点什么捕获我的想象力，并转动方向盘，启动最终会形成一个系列的设计过程。

您认为自己的调研属于个人的努力还是团队的合作？我认为这在很大程度上属于团队的共同努力，但这个努力由我而起。我首先想到某个主意或者概念，然后我欢迎大家在展示板上添加东西并向团队解释各自的思考过程。

您的设计过程是否涉及摄影、绘画和阅读？我会拍下自己感兴趣的东西，打印出来，然后把它们放到工作室的主题板上。

什么是您的设计过程中最令人愉快的部分？我想最令人愉快的就是开始和结束的时候。一开始，我考虑某个系列的理念；而结束的时候，完工的产品聚集在架子上，此时，我的理念得到了实现。

是什么推动您的设计过程？我必须充分享受这个过程，玩得开心的时候也是最富有创意和最具有生产力的时候。

您使用何种资源作为灵感来源？您是否经常重温某些资源？我使用的资源每个季节都会发生变化，但是艺术、电影和音乐一直是我稳定的灵感源泉。人也是一样，和我关系亲密的和大街上看到的陌生人都能为我提供灵感。

在您的设计过程中不可或缺的材料是什么？我对三福签字笔情有独钟，只是用它随随便便地在一些东西上面潦草地记下一些东西，不论是在桌子上、盒子上还是布料上。反正我向团队阐释个人思想的时候一边走动一边说话，就用它顺手随意涂写了。

您的设计过程是否总是遵循相同的路径？没有什么方法和路径可言，只是一阵狂热。

得知某个设计可行之际，是否有那么一刻，您会欢呼一声"我发现了"？是的，我觉得，看到工厂送来的布料，我就能直观地想象设计作品的样子以及制作出来的效果。

您是否拥有钟爱的工作场所？我的工作室，我需要身边放置着常规工作需要的东西才能完全专注于工作。

一天里您是否在某个特定的时刻最有创意？一般来说，下阵雨时我会想到最佳创意，我会冲进工作室跟大伙儿分享以免遗忘。晚上躺在床上睡不着的时候，我会在床头柜上的便笺簿上做笔记、画草图。

您是否拥有参与设计过程的团队？当然，有两位设计师兼裁剪师，还有一位针织服装的设计助理。

PEACH
x2

荷兰屋2012春/夏异域情调牛仔系列设计稿

詹姆斯·朗

JAMES LONG

主题板，展示了詹姆斯·朗2011秋/冬系列的灵感和面料选择

詹姆斯·朗2007年毕业于皇家艺术学院，获得男装及配饰硕士学位，他已迅速成长为伦敦最受欢迎的新锐男装设计天才。詹姆斯·朗的作品融入了皮革、印花和牛仔布，其风格特点显著，耐穿、实用界定了他的审美感。

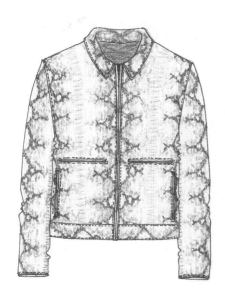

2012春/夏系列蛇皮夹克的灵感图片、设计手稿和面料选择

2007年2月，在伦敦时装周MAN男装展（TOPMAN/Fashion East 支持设计新秀的举措）的首场秀上，詹姆斯·朗将伦敦男装带向了精巧加工的新水平。他使用肌理和最少的色彩变化来展示他的标志性机车夹克和针织服装。他的服装系列备受赞誉，受到设计师西蒙·福克斯顿（Simon Foxton）等类似人士和一些世界前沿店铺的追捧。

2012春/夏系列男装绣花衬衫的灵感图和设计手稿

2012秋/冬系列男装皮革/针织夹克衫的灵感图、面料选择和设计手稿

您是否使用速写本？不用，我把所有的东西都贴在墙上，这样我能始终关注全景，等参考完毕后，我就把它们都放进文件夹里存档。

您如何形容自己的设计过程？这个过程就是不停地收集想法，有时候我并不知道自己在进行设计或者我打算用某个想法做什么，但是想法就在那儿。我观察新的旧的东西以及自己热爱的一切。我会考虑在为什么样的群体进行设计，也一直确保自己的设计作品完全讲述我希望讲述的故事。到系列完成的时候，我已经把人物想象得清清楚楚，仿佛他们真实存在。

调研在您的设计中发挥何种作用？我热爱调研工作。我会跟艺术家会面，和购买穿戴我的服装的人们聊天。我也会跟我的团队商谈，深入设计系列的整个理念。此外，我个人的内在风格和品位构成对调研也有贡献，并从此继续向前发展。调研就是保持长期的好奇心和不停地筛选。

您认为自己的调研属于个人的努力还是团队的合作？我的调研一直是团队的合作，生活中没有什么是能够凭借一己之力单独实现的。

您的设计过程是否涉及摄影、绘画和阅读？当然涉及以上三者。设计过程已经成了我的生活方式，我热爱绘图、阅读和摄影。这个过程有点像图画日记。

什么是您的设计过程中最令人愉快的部分？我热爱阅读自己一无所知的东西，也喜欢阅读关于我的偶像和钦佩的人们的书刊。我也喜欢记录片，每周都会观看两到三次。我喜欢学习新东西，有时候我真希望自己天天都能学习新东西。

您使用何种资源作为灵感来源？您是否经常重温某些资源？纪录片、朋友、艺术、书、建筑物、伦敦和我造访的众多城市。有很多我热爱的东西，我也常常参考20世纪70年代的音乐和纽约。如果在服装系列中这些灵感并未明显地体现出来，它们也会存在于精神中。

在您的设计过程中不可或缺的材料是什么？卷笔刀、彩色铅笔和黑色签字笔。

您的设计过程是否总是遵循相同的路径？我想应该有个方法，但我宁愿相信，我的工作做得越多，这些方法会随之进化与演变。

得知某个设计可行之际，是否有那么一刻，您会欢呼一声"我发现了"？是啊。当一个系列完成之际，感觉真是棒极了。我需要直观的东西，所以完成立体剪裁了，选择好面料的时候，服装系列才开始成型和发展。

您是否拥有钟爱的工作场所？当然了，七点钟之后或者周末的工作室啊。我喜欢在星期六工作，不知何故，这时候会感觉很有创意。

一天里您是否在某个特定的时刻最有创意？是的，夜深人静时。

您是否拥有参与设计过程的团队？我和我妹妹一起设计针织品，和我的朋友萨姆一起做其他的设计。我们会就不同想法进行探讨或者就色彩或者造型进行某种争论，这真是棒极了的事情！

DOUGLAS

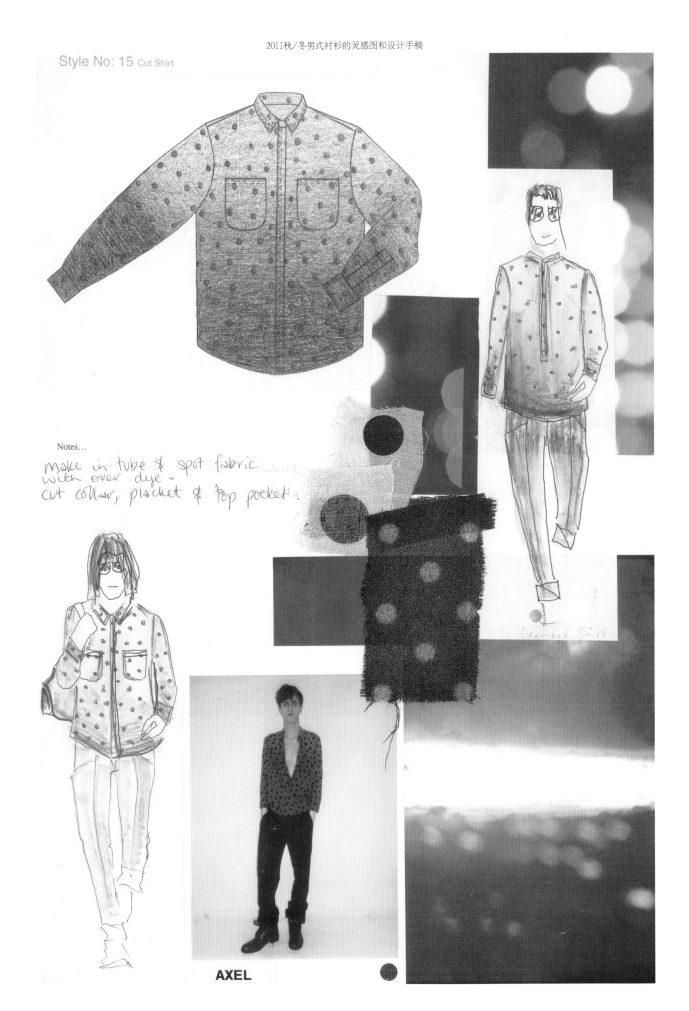

Style No: 15 Cut Shirt

Notes…

make in tube & spot fabric
with over dye.
Cut collar, placket & top pockets.

Grandad Shirt

AXEL

2013春/夏系列的主题板，展示了灵感和面料的选择

乔纳森·希门科海

JONATHAN SIMKHAI

纽约设计师乔纳森·希门科海于2010年推出了首个女装系列。毕业于纽约时装学院（FIT）和美国帕森斯设计学院（PARSONS），希门科海将其客户定位为特别钟情于男朋友和牛仔衣的女孩，而她们正渐渐发现自己的吸引力。希门科海装扮现代女性的方法让他在时装和性感领域内探讨性别界线。他的服装系列从美丽的面料中获取灵感，包括羊毛和羊绒织品，并将它们的经典特征转化为性感迷人的女性化廓型。

运动风格毛圈花式裙装设计。2013春/夏系列用丙烯颜料涂过的面料小样、钢笔与铅笔绘制的设计手稿

2013春/夏系列夏威夷花衬衫的设计拓展，使用铅笔和综合材料

drop into stripe

drips down

BOARDWALK. SUNSET. GLOW. MELT. FerrisWheel.

* watercolor blending effect, w/ sharper digital edges

您如何形容自己的设计过程？有时，这个过程像龙卷风一样喧嚣混乱！通常，我以对某个特定女孩的直觉情绪开始设计过程。然后我根据所获灵感绘制不同形状的粗略草图，以此来拓展多种理念。

调研在您的设计中发挥何种作用？调研是设计过程的关键部分。我从所有的东西中获取灵感，旅游、质地、色彩、街上的女孩们，甚至是街道本身。我沉溺于潮流文化，但同时也会反思永恒的理想。

您的设计过程是否涉及摄影、绘画和阅读？在整个设计过程中，我会大量绘图，并参考自己用iphone手机拍摄的照片。我经常在互联网上用屏幕抓取功能保留赋予自己灵感的图像或者为引起自己情感共鸣的东西拍摄照片。

什么是您的设计过程中最令人愉快的部分？在最后的样衣上看到自己的想法和设计以三维立体效果逼真显现的时刻。

是什么推动您的设计过程？推动我的设计过程的就是自己经常感受到的一股强大动力，要创造这个酷酷的女孩，她不费吹灰之力就表现得既有一点点男孩子气，同时不失性感。在我所有的系列设计中都致力于创造这个女孩。

您使用何种资源作为灵感来源？我参考电影和照片集，它们本身就是永恒的艺术。设计2013春/夏系列时，休•荷兰（Hugh Holland）的《本地人》一书和斯泰西•佩拉塔（Stacy Peralta）的纪录片《狗镇和滑板少年》就是我的调研和灵感基础。我喜欢参考过去的人物。他们不一定是时尚人物，但拥有其本身风格的文化，就像20世纪70年代的溜冰少年们一样。

在您的设计过程中不可或缺的材料是什么？活动铅笔盒以及很多、很多、很多白纸。

您的设计过程是否总是遵循相同的路径？设计过程总是不由自主、自发而成，从来就没有严格地遵循同一路径。这种疯狂混乱中存在着某种理性，但是很难将其说明清楚。

得知某个设计可行之际，是否有那么一刻，您会欢呼一声"我发现了"？对我而言，设计过程更为重要。当我开始看到自己真正喜欢的某个细节或者廓型，整个系列可望成形并毫不费力里顺利进展时，那时候，我会真正感受到神清气爽、一片明朗。

您是否拥有钟爱的工作场所？位于美国时装设计师协会孵化器内的工作室。

一天里您是否在某个特定的时刻最有创意？夜晚，所有其他人放下工作回家之后。

您是否拥有参与设计过程的团队？有啊，我拥有一个出色的团队。有商业伙伴负责处理设计的后勤工作，同时也扮演我的缪斯女神；有助理设计师，帮助我保持众多想法的一致性，并将创造性的视角带入工作。

您的调研和设计工作何时从2D平面效果转换为3D立体效果？如何进行这一转换呢？几乎是直接进行这一转换。一旦有了一套设计方案，我不喜欢花太多时间在上面，我喜欢让它动起来。看到3D立体效果的想法有助于对设计进行编辑和拓展更多的想法。

您是否使用速写本？如果您使用速写本，您会如何从视觉角度描绘它呢？一系列混乱的想法，它们反映了我大脑像十字旋转门一样不停旋转的工作方式。从视觉角度来看，一开始会混乱无序，毫无章法，但其特色是能够发展成能为我所用的工具来进一步拓展和整理我的想法。

2013春/夏系列男士沙滩裤拓展手稿，铅笔绘制

島田顺子

53.902

**JUNKO
SHIMADA**

云纹绸外套，后背下部打褶，卡其布袖子，2008春/夏系列（look 32）

岛田顺子1961年生于日本，曾就读于东京杉野时装学院。1981年，移居法国巴黎，供职于巴黎春天百货公司，之后加入"小集团设计工作室"（Mafia Design Studio）。

　　在巴黎岛田顺子的职业生涯稳步发展，6年间先后担任了法国卡夏尔（Cacharel）品牌童装的首席设计师和男装设计师。1981年，她决定成立自己的设计工作室，在短短几年里，时尚媒体都吹捧她为最有巴黎味道的日本设计师。

岛田顺子的印花图案

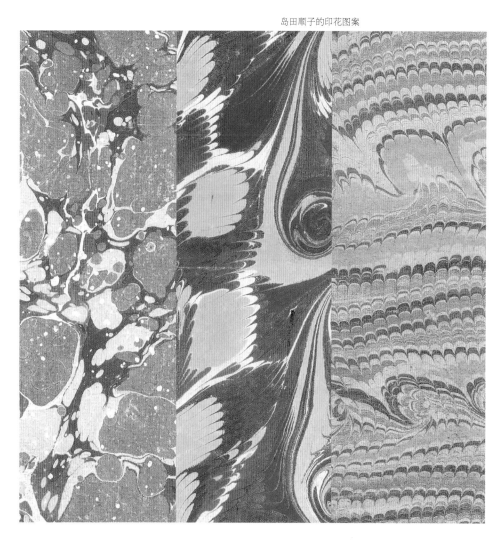

　　她的第一家专卖店于1984年在马塞尔大街开张，自此之后她的生意不断发展扩大，现有20家店铺出售她的主打系列。她的服装常常在弹力汗布上表现同心圆图案，被描述为女性形式的雕塑。作为设计师，她为现代女性创造简易适穿的服装，简约的裙子和夹克也是她重要的设计作品。

　　2003年5月，巴黎高级女装主管机构法国高级时装公会宣布岛田顺子已获得其会员资格。

您是否使用速写本？我不用速写本，只用水彩画板。

您如何形容自己的设计过程？起初，我会考虑不同的方式进行思考并获取灵感。我用一些图片、布料等东西制作主题板，随后我会开始绘制草图，我也会跟工作室成员就体量方面的问题一起开展工作。

调研在您的设计中发挥何种作用？调研这部分工作对我而言十分重要，因为那是我的基础所在。大体来说，我的灵感就是生活、会议、展览和我的家人。我是一个自然随性的人，在工作中我也会描绘那样的个性。

您认为自己的调研属于个人的努力还是团队的合作？属于团队合作。

您的设计过程是否涉及摄影、绘画和阅读？当然涉及这些了，不过也包括当代艺术、历史、电影院和大自然。几乎囊括我身边的所有一切。

什么是您的设计过程中最令人愉快的部分？最最令人愉快的部分是寻找上佳灵感。我喜欢设计过程的所有环节。即使在发布会之前总是会让人感觉压力重重，也还是让人兴奋不已。

您使用何种资源作为灵感来源？您是否经常重温某些资源？给我以动力的绝不属于恒定不变的领域，但从未改变的是我对为之进行设计的女性的想法以及对之进行诠释的方式。

在您的设计过程中不可或缺的材料是什么？毡制笔、铅笔、纸张和水彩。

您的设计过程是否总是遵循相同的路径？因为我特别自然随性，所以并无章法可言。

您是否拥有钟爱的工作场所？有啊，我在布鸿马洛镇的乡下别墅。那里距离巴黎一小时，远离喧嚣，非常幽静。

一天里您是否在某个特定的时刻最有创意？是的，大清早我最有创意。

您是否拥有参与设计过程的团队？我的工作室成员们从设计过程之初就参与进来。我们非常亲密，大家都把自己独特的方法带入工作之中。

您的调研和设计工作何时从2D平面效果转换为3D立体效果？如何进行这一转换呢？这个转换进行得相当迅速，从最初的草图到我们开始进行立体剪裁，所有一切同时进行。

小牛皮、山羊皮、羊羔皮和狐皮混纺的羊皮夹克设计手稿，2008/09秋/冬系列

予花边以灵感的图像

金色羊羔皮兜帽和手套设计手稿，带有假蓝色指甲（塑料）的手套

粉色长开襟羊毛衫设计手稿，2007/08秋/冬系列

纯小山羊马海毛，超大号多色提花套衫设计手稿，2007/08秋/冬系列

连帽特大号刺绣网状紫色安哥拉兔毛套衫设计手稿，2009/10
年秋/冬系列

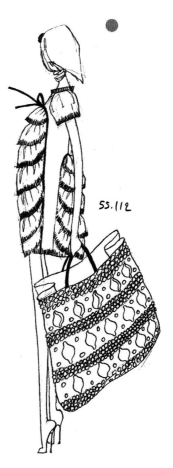

带蓝色真丝刺绣的白色真丝裙设计手稿，粉色精致羊皮购物袋，绣有贝
壳图案，2009春/夏系列

郑玉俊

JUUN · J

郑玉俊1992年毕业于高级时装学院ESMOD首尔分校，担任男装品牌"雪纺"（Chiffons）的设计师并开始了自己的职业生涯。随后，他又先后担任了摩纳哥俱乐部和NIX品牌的创意总监。1999年，他在首尔时装周推出了自己的品牌"孤独服装"（Lone Costume）。2007年，他推出了以自己的名字命名的品牌。自同年7月开始，他就作为巴黎男装发布会官方日程的一部分在巴黎展示自己的服装系列。

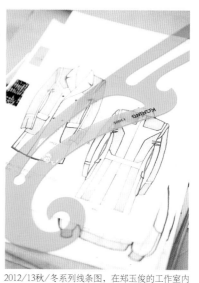

郑玉俊以对男装经典元素的探索和通过解构和重构制作成衣而著称。他重叠多个块片，让它们之间产生一种张力，并通过这个过程创造新的廓型和服装。他超现代的成衣制作方法包括切开翻领将对比效果的色彩和布料融合在一起。

他作品的特色部分为夸张的男性化造型和暗颜色的选择，如简单的黑色、白色、灰色和米色。专注于复杂的细节，郑玉俊运用严格的现代方法探讨当代着装的极端。

2012/13秋／冬系列线条图，在郑玉俊的工作室内

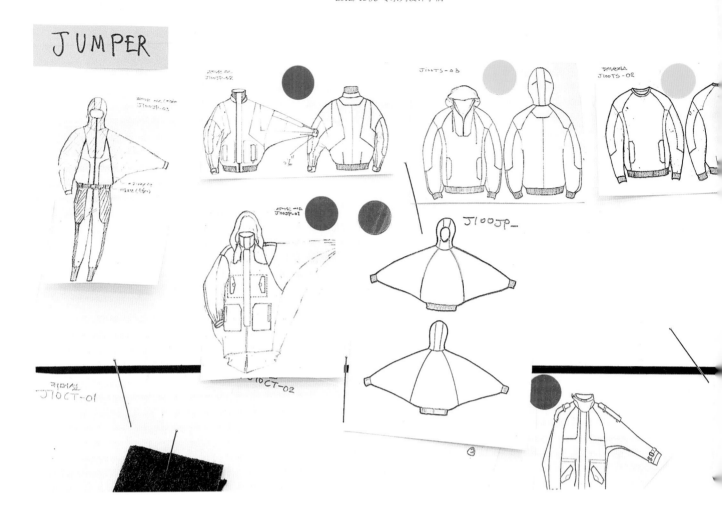

您是否使用速写本？对我来说，A4纸就是我的速写本。它的大小正好，非常轻巧，易于对设计进行修改或者跟其他设计进行比较。我能把纸张贴在墙上，在决定系列的顺序和色彩的时候我可以非常方便地移动。最为重要的是，它空白一片，没有任何图案。

您如何形容自己的设计过程？某个系列的设计完工后，我就开始为新系列寻找"氛围。"我的灵感来源并不限于某一个领域。实际上，所有一切都能为我的工作提供灵感，如城市、音乐、艺术、形式和形形色色的人们。在设计过程中我认为最最重要的是搜寻全新的或者熟悉但不同的东西。

调研在您的设计中发挥何种作用？我的调研并没有单一的方法。有时候，我整天整天地呆在书店里，有时候我会沉浸于网上冲浪。最为重要的是跟很多人交谈，这里的人不仅仅指时尚人士，也包括来自毫不相关领域的各行各业人士。有时候，他们会成为我的想法和情绪的源泉。

您认为自己的调研属于个人的努力还是团队的合作？我的调研和团队的调研是大家积极共享的，因为这个过程本身也是调研工作。

您的设计过程是否涉及摄影、绘画和阅读？我的设计过程涉及这三样，它们都很重要，但是我认为绘画最为重要。照片和阅读能激发我的想象力，但绘画永无止境，是我让自己的想象力具体化的方式。我喜欢徒手作画，这样能让我完全沉入这个过程。在让自己的想象力得到具体表达的过程中，我会进行无数次修改。完成某个系列的设计工作时，我会绘制大约100张图稿。

什么是您的设计过程中最令人愉快的部分？作为绘图准备工作的过程，这关乎用我的心、脑讲述一个故事。让这个故事（概念或者主题）在作品中达到巅峰状态，需要让头脑中的一切包括想法和经验有条有理。

是什么推动您的设计过程？人。不仅仅是时尚人群，也包括世界各地大街小巷上的人们。他们是我的灵感之源。他们的面容、服装和对话总有鼓舞人心之处。毕竟，时装是美化人们的一个方式。因此，是人赋予了我最美丽的灵感。

在您的设计过程中不可或缺的材料是什么？A4纸、铅笔、水彩、咖啡和芳香蜡烛。

您的设计过程是否总是遵循相同的路径？我对可变物心存恐惧。我总是遵循同样的路径。这样我感觉很舒服。我过去一直很守时，而且将来也依然如此。

得知某个设计可行之际，是否有那么一刻，您会欢呼一声"我发现了"？当然了，当我发现"新"东西的时候，当我发现一样从未见过的东西或者是一个熟悉但带有完全不同氛围的设计时。在开始绘图之前，我会给自己下

郑玉俊2009/10年秋/冬系列设计手稿，铅笔绘制

pullmore.

Jun 5 12.13 PM
look. 32.

light gray
felted
wool.

郑玉俊2012/13秋／冬系列设计手稿，钢笔和马克笔绘制

郑玉俊2012/13秋／冬系列的面料和瑞士摄影师艾利克斯和菲利克斯拍摄的照片

悬挂在郑玉俊工作室的纸样

个咒语，喃喃地念叨："这次必须画个新的。"这就是我的设计理念。

您是否拥有钟爱的工作场所？我在工作室里有个特别喜欢的位置。那里是白色的，有四面墙围绕着，一面墙上有扇大窗户。我喜欢白色的空间，把它称为"虚无。"这个极小的简单空间为我的工作赋予灵感。

一天里您是否在某个特定的时刻最有创意？凌晨一点到四点之间。我不知道为什么，但一天的这段时间里我最有创意，不受干扰，完全独立自主，和自己开始一场对话并寻找问题的答案。这个时间让我的设计成形。

您是否拥有参与设计过程的团队？当然，对我来说，团队是最为宝贵的资产。他们分享我的想法并帮助我实现这些想法和设计。设计过程也许可以单兵独将地完成，但实现想法的过程不可能独立完成。团队成员是参与同一场旅行的同事和朋友。这种关系并不局限于某项工作。我对他们深为感激。

您的调研和设计工作何时从2D平面效果转换为3D立体效果？如何进行这一转换呢？从事设计工作时，我首先在头脑中界定立体效果、长度和尺寸，然后才将相关信息转换成实际的图稿。通过结构、制图、试穿和缝制这些过程，这幅图稿才逐渐成形。

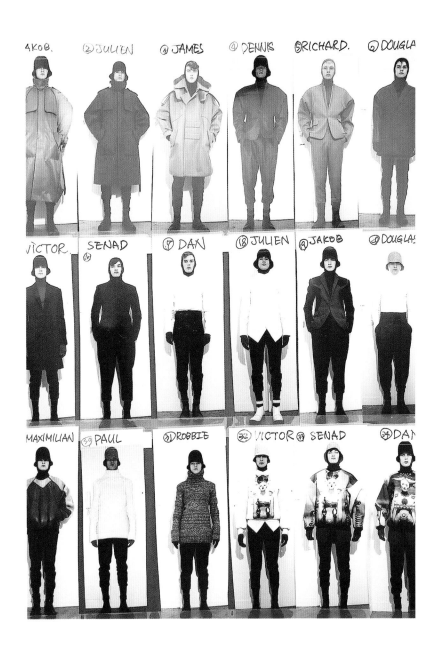

郑玉俊2012/13秋/冬系列的模特整体效果，坯布样衣和铅笔绘制的手稿

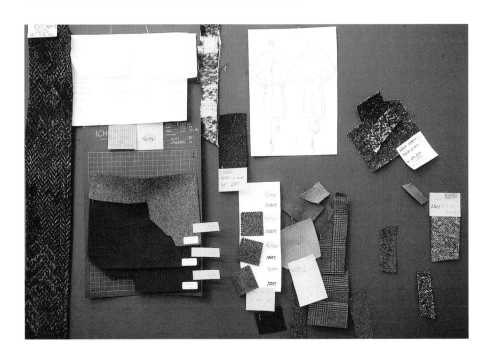

凯文·克兰普

KEVIN KRAMP

LUKAS

2009秋/冬系列的手稿

毕业于罗得岛州首府普罗维登斯的布朗大学，凯文·克兰普曾在伦敦中央圣马丁艺术与设计学院攻读针织时装设计的学士学位。2011年，因为在针织服装设计方面的成就，在意大利里雅斯特举办的第十届国际人才支持项目十周年活动中，克兰普获得了有史以来首个"Modateca Award"奖项。

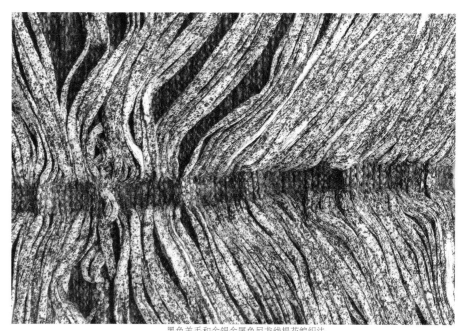

2012秋/冬系列的织物样片

黑色羊毛和金银金属色尼龙线提花编织法

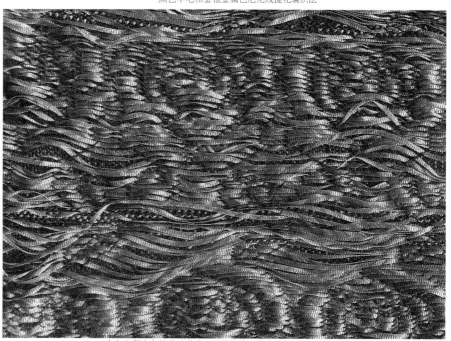

白色和藏青色棉花喷花线双面编织法，带有手工嵌入的流苏

克兰普的标志性服装具有雕塑感，几乎有爆发性，还拥有将纸样、质地和色彩融合在一起的3D立体特质。克兰普以英美两国作为基地，经常使用高档纤维的复杂缝纫技术，并因此著称。

您是否使用速写本？我很少使用正式的速写本，也从不会随身携带。谈到如何成为"真正"的设计师时，速写本就是那样的陈词滥调，是盲目轻率地给出的刻板建议。最最重要的事情是拥有你自己的双眼、大脑和注意力。多数情况下，后两者常常被多数人遗忘在家。一开始，我们应该要求随身携带慎重和诚意，而不是用不上的速写本。因为心怀慎重和诚意，很多有价值的想法会浮现出来。在我家里、工作室里、包包里等有一堆堆分类放置的散页纸，上面有在不同地方和不同时间绘制的草图和记下的笔记。设计过程必须毫无章法，乱七八糟。如果在设计过程的最初，你无法从整齐装订的速写本和小巧钢笔的局限中解放出来，那又何谈在生活中得到自我解放呢？

您如何形容自己的设计过程？在调研、设计、制作样衣和生产的所有阶段中，我的设计过程重视过程和材料、经过精心构思、经历连续发展、进行大量调研，是一个灵活多变的过程。其间，其重心也不停地发生改变。

调研在您的设计中发挥何种作用？直观调研是设计过程的重要组成部分，在整季都为我的工作提供信息。不管调研工作是否有用，都没有严格的规则或者时间表。一开始，我连续数周全心投入到视觉调研，主要是观察日常生活，我会对其进行描绘或者拍照，并根据照片绘图。相对而言，绘图速度较快、并不完美、会产生突变并具有高度的表现力。从这些对日常生活的描绘中，服装设计方案很快出现，还常常伴有小的技术草图或者文字解释。在我的作品中没有对完美主义的渴望，也没有完美主义的立足之地。

您认为自己的调研属于个人的努力还是团队的合作？我的调研是高度个人化的。毫无疑问，人们无从了解我的故事、我的叙述、我对赋予自己灵感的角色的秘密幻想以及这些角色的人生故事，所有这些也永远不为人知。

什么是您的设计过程中最令人愉快的部分？选择、制作样品以及对新纱线进行试验总是特别激动人心。每个季节，看到意大利和其他欧洲纺纱机制作的新纱线系列产品让我开心愉快。一般来说，重新创造自己的世界，让头脑中的秘密角色和渴望获得生命，这一直是我设计过程中令人愉快也使人不安的部分。我们每天所面临的挑战是持续不断的自我怀疑，有时候让人手足无措。

是什么推动您的设计过程？不管是陌生人还是熟悉的人，有很多激励人心的人物，他们成为我生命中的匆匆过客，并让我迷惑不解，想知道他们是谁，过着什么样的生活，做了些什么，打算做什么。设计的时候，我常常想到这些神秘而吸引人的人物。

您使用何种资源作为灵感来源？您是否经常重温某些资源？对日常生活的观察为我的工作提供了很多信息，我也完全不依赖跟大众媒体相关的图像或现存的设计世界来获取灵感，这一点怎么强调也不过分。服饰本身根本无法提供灵感，是创造更多服装最没有独创性的出发点。任意3D物体都是我主要的（意外的）灵感来源：景观、人行道、咖啡杯、窗锁、旧鞋子、双手和拖拉机。根据这些物体，我绘制了很多图稿，从这些图稿中也获得了设计方案。我的第二个灵感来源就是音乐。聆听我热爱的音乐时，我会立即感觉充满喜悦、活力，会有认为一切皆有可能的想法。

在您的设计过程中不可或缺的材料是什么？在起初的调研和概念开发之际，我使用基本的软铅笔和粗的柔软石墨棒以及各种尺寸的无线纹大散页纸。在样衣制作和材料革新阶段，可供选择的大量纱线和性能良好的编织机不可或缺。在展示和高级概念开发阶段，我运用图像处理软件Photoshop处理图像、样片和照片。设计过程的开始非常有条理，也都是我个人亲力亲为的，但最终总是结束于数字世界。

您的设计过程中始终按照相同的路径？我的设计过程一直是从直观调研开始，大量绘图、搜寻纱线、织品实验和取样、服装版型制作和用平针织物制作原型、用最终的针织面料制作服装样品，到真人模特试穿最终样品并拍照。不过，就算是在最后一刻，我们还是灵活处理，虚心接受绝妙的主意，并动手对所有一切进行改变。

得知某个设计可行之际，是否有那么一刻，您会欢呼一声"我发现了"？将一个服装设计草图想象成平面纸样或者将一个平面纸样想象成3D立体形状，对我而言是自然而然简单发生的事情。由于其涉及不变的抽象思维，这也让人感觉极为愉快。

您是否拥有钟爱的工作场所？在咖啡馆的餐巾纸上制作平面纸样的时候，或者晚上我独自一人呆在编织工作室里一边听着当地电台节目的时候。

一天里您是否在某个特定的时刻最有创意？尽管很希望成为一个喜欢早起的人，我在晚上八点到凌晨两点之间最有创意。

您是否拥有参与设计过程的团队？现在，我的业务量不是很大，设计过程中的大多数步骤都由我独自完成。坦然地说吧，谈到设计的时候，我有点控制狂。必须完全信任某人并能够做出正确的设计决策才行。助手、实习生、家人和朋友为我的样片、结构、生产和展示工作提供帮助。

您的调研和设计工作何时从2D平面效果转换为3D立体效果？如何进行这一转换呢？尽管所有的直观调研和绘图显然都是2D平面效果，我会立即从3D立体效果进行思考。最初的灵感通常是现实生活中的某个3D立体物体，所以从3D立体形式到3D立体服装的转换是个自然的明显过程。绘图阶段之后，我尝试用样片在编织机上做实验，在那里，想法立即呈现3D立体效果。

2009秋/冬系列的设计手稿

2009秋／冬系列的设计手稿

DYLAN

KRAMP

2009秋/冬系列的设计手稿

卢·道尔顿

LOU DALTON

卢·道尔顿16岁辍学去裁缝店当学徒，学习服装定制和纸样裁剪，在什罗普郡开始其职业生涯。怀着创作自己的服装系列的渴望，她在英国皇家艺术学院攻读男装专业，并于2005年创建自己的品牌。她设计的英国休闲运动装带有叛逆气质，极为注重细节的处理，工艺极为出色，很快为此声名大振。自创立以来，道尔顿的品牌因对其独特的现代男装设计方法逐渐获得时装界的广泛赞誉。

2012秋/冬系列部分夹克的设计手稿，使用钢笔徒手绘制，并用细头马克笔标注设计细节

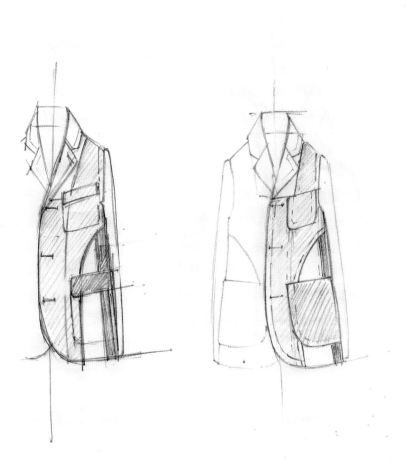

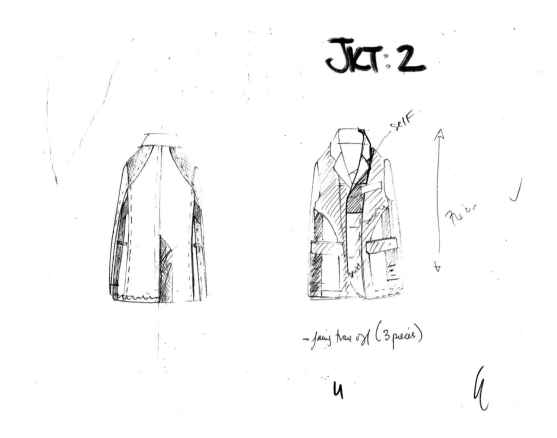

JKT:2

self

— faing have off (3 pieces)

2012秋／冬系列部分夹克的粗略草图，使用自动铅笔绘制的线条手稿

您是否使用速写本？ 比起实际的速写本，我更倾向于在单张纸上工作。这样的话，我把东西四处移动并贴在墙上要方便得多，这样也有利于对整个系列进行全面纵览并易于判断它们是否能够融为一体。这就是我自己的速写本，勉强称得上是个日志簿。

您如何形容自己的设计过程？ 我认为这是一个经过深思熟虑的过程。因为客户基础开始扩大，在开始之际我常常去看上个季节最为畅销的产品，并了解在各个商场我们产品的销售量。对我来说，这是设计过程中极为重要的部分。尽管为自己设计某个系列是非常个人化的，但是从某种方式上讲，在设计过程中我必须剔除我自己的需求，因为实际上我的设计关乎男性消费者，我在尝试吸引他们购买自己的产品。了解销售数字后，我会制定关于范围的计划：这是梭织服装和带配饰的针织服装之间的区别。然后我会仅仅关注于系列的概念，就如同每个季节我常常以不同形式重访某个设计。到目前为止，我会把所有的调研资料放在一起，不论它们是来自一场电影、一本书还是我参观的一个展览，我还会创造一两个主题板来描绘自己的这些想法。

调研在您的设计中发挥何种作用？ 与其他的事情一样，你的调研越深入，最终获得的结果就越充分。抽出时间来对系列进行调研就如同度个短假，这是一种奢侈，因为我的时间总是特别紧张。我会抽空去观看一场展览、电影或戏剧，很多时候，从这样的活动中会获得思想的火花。然后我会把自己找到的尽可能多的信息放在一起来创造一个主题板。接着，我就开始对面料和色彩进行研究，它们有助于赋予我的想法以生命活力。我的参考素材常常来自过去，所以我会花时间研究过去某个时间段的时装和廓型，并从中提取我感觉跟卢·道尔顿息息相关的东西。

您认为自己的调研属于个人的努力还是团队的合作？ 我的调研相当个人化，但是我的款式设计师在系列的开发过程中的确起到了十分重要的作用。设计开发和调研主要是由我个人单独进行的。

您的设计过程是否涉及摄影、绘画和阅读？ 我对这三种都有涉及，但是对我来说设计开发更多的是通过绘图和样衣的不断调整以推动设计过程。我对细节深深着迷，细节和服装的合体性对男装尤为重要。

什么是您的设计过程中最令人愉快的部分？ 最令人愉快的就是将绘制出来的理念和想法转换成服装的形式，并对面料进行分配。对于设计过程中的任何阶段，我从不憎恨也不觉得有多艰难。

2012秋/冬系列部分夹克的设计稿，使用钢笔徒手绘制，并用细头马克笔标注设计细节

HAND KNIT.
100% WOOL.

COL. ATALL   A - ATAN = URRINGHAM
          { B - BLACK (LAMBSWOOL ONLY)
URRINGHAM: {   LT
2. KNICHCI { C - GREY (LAMBSWOOL ONLY)
LAMBSWOOL.

2012秋/冬系列的部分工作手稿，使用钢笔徒手绘制，并
用细头马克笔标注设计细节

2012秋/冬系列部分粗线毛衣的设计稿，使用钢笔徒手绘制，并用细头马克
笔标注设计细节

Arthur Harrison

                        SLATE
COL. A = Cabray Twill
      B - Slate   mix

COL. B = Black mix

2. FINCH OLIFFE.
2x09 LAMBSWOOL.
2x09 JACQUARD
KNIT =
BLACK/OATMEAL.

2012秋/冬系列部分提花针织衫的设计稿，使用钢笔徒手绘制，并用细头马克笔标注设计细节

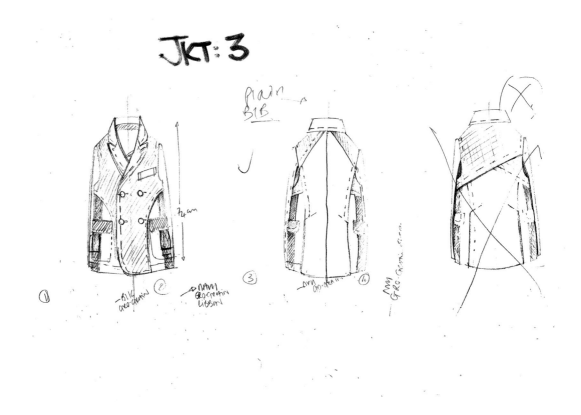

是什么推动您的设计过程？我念念不忘自己来自工人阶级的本源和迎难而上努力成功的灵魂。这一直是我迄今为止所创造服装系列的根本所在。

您使用何种资源作为灵感来源？您是否经常重温某些资源？如果暂时放下手中的工作的话，我会试着让自己沉湎于电影、书籍、展览、度假、世界大事、日常生活和身边的所有一切，这些都是我的灵感来源。

在您的设计过程中不可或缺的材料是什么？一支自动铅笔、草图画纸、施德楼橡皮、百乐01和05绘图笔。

您的设计过程是否总是遵循相同的路径？每个季节我经常运用大体相同的模式。我喜欢按常规办事。而且有人帮忙的时候，要是有某种形式的方法或者常规的话，和你的助手一起工作也会简单得多。

得知某个设计可行之际，是否有那么一刻，您会欢呼一声"我发现了"？有点这样的。绘制设计草图并尝试将它们转换为某种面料计划的时候，我真的会有那种怪异的感觉，"对了，这个是赢家。"

您是否拥有钟爱的工作场所？我的工作在布里克巷的一个工作室内进行。那个地方非常不错，光线非常充足。我常常在那儿工作到深夜，感觉安全又自在。

一天里您是否在某个特定的时刻最有创意？也没有个特定的时刻。当无人打扰、能够完全专注于手头的工作时，我最有创意。

您是否拥有参与设计过程的团队？我跟版型设计师密切合作。我会毫不隐瞒地跟他谈论自己对系列的设想，我想要的何种氛围，而他会接着向我表明对某个设想的态度，而最终这个设想会发展为重要概念。说到设计开发工作，对此我特别挑剔，这也属于我的工作领域。然后我跟版型设计师讨论设计方案，我们俩会进行头脑风暴，常常会进一步发展系列作品。

您的调研和设计工作何时从2D平面效果转换为3D立体效果？如何进行这一转换呢？因为廓型是设计的一个重要组成部分，所以很早就进行了这个转换。绘制一张漂亮的画稿当然也很不错，但是用3D立体效果进行实现更加重要。对结构的深刻理解是获得出色的设计不可或缺的。

马里奥·施瓦博

MARIOS SCHWAB

2012秋/冬系列工作室内的调研区域，多种方式调研、新颖独特的艺术表达和布料样片

2012秋/冬系列工作室内的调研区域、多种方式调研、新颖独特的艺术表达和布料样片

　　马里奥·施瓦博拥有1/2希腊血统、1/2澳洲血统，先于高级时装学院柏林分校获得学士学位，后于2003年在中央圣马丁艺术与设计学院获得女装硕士学位。连续三年，他参加了在伦敦时装周由伦敦东区时尚Topshop赞助的展示活动，并于2006年获得英国时装界大奖"设计师最佳新人奖。"2007年首次举办个人时装发布会。

　　施瓦博的主打系列在伦敦布朗斯百货商场、玛丽亚·露易莎巴黎精品概念店和纽约巴尼百货商店有售。他也制作牛仔布和鞋类系列、Topshop衍生系列，还与意大利皮革奢侈品制造商塞瑞皮恩（Serapian）合作制作奢华配饰系列。2010年，他被任命为美国标志性品牌候司顿（Halston）的创意总监。

　　施瓦博经常使用提花织物、天鹅绒等华美的材料制作衣服，将它们混合起来凸显女性的形体。施瓦博极为精确地对服装进行装饰和裁剪，工艺为其关键所在。他的标志性风格为收腰廓型和合体缝接。有时候受到哥特式图像的启发，他的创作表现了绘画艺术，具有高度的结构感，而且性感迷人。

马里奥·施瓦博2012春/夏系列"Look 35"的设计手稿，铅笔和潘通马克笔绘制

马里·施瓦博2012秋/冬系列的主题调研

您是否使用速写本？在整个设计过程中我喜欢把直观的图像一直放在自己身边，因此我喜欢使用大型的展示板来展示面料、赋予我灵感的图像和技巧，并将它们放置在工作室的四周。随着设计作品的变化，它们也会发展变化。

您如何形容自己的设计过程？我以直观地能感知的方式进行设计，让织物质地、面料、图像和制样技术围绕自己左右。然后将这些发展成系列的设计方案。随着设计的进展，这些想法也随之演化发展。

调研在您的设计中发挥何种作用？我通常依靠本能的感觉开发一个系列，但我把开发阶段看做一个工具，让我能够深入钻研调研领域，并穷尽各种不同角度进行调研。

您认为自己的调研属于个人的努力还是团队的合作？在我从事的工作中，调研是相当个人化的一个部分，但也需要团队的共同努力来寻找解决方案和面料以及进一步的深入调研。

您的设计过程是否涉及摄影、绘画和阅读？设计过程就是反复试验、激烈商讨和辩论、大量绘图、在衣架上展示服装并对面料进行深入调研的过程，目的是将最初的理念以服装的形式生动地呈现出来。

什么是您的设计过程中最令人愉快的部分？我热爱发现的部分、有教育意义的部分，也热爱被艺术品包围的谦逊感觉。如果最初的理念或者开发的设计无法实现或者完成，那时的感觉我很不喜欢。

是什么推动您的设计过程？人体造型和解剖学的复杂性。我喜欢把这个用在服装系列里作为遮挡或者显露元素的部分。

您使用何种资源作为灵感来源？您是否经常重温某些资源？各个季节都从不同来源获取灵感。我的灵感来自给我留下持久印象的东西，不论是一篇新闻报道还是我潜意识里创造的一个虚拟人物。

在您的设计过程中不可或缺的材料是什么？我一直使用HB和H活动铅笔，以及Copic牌马克笔。

您的设计过程是否总是遵循相同的路径？从非如此。设计过程总是取决于我脑中的计划。

得知某个设计可行之际，是否有那么一刻，您会欢呼一声"我发现了"？每一天，当我实现了某个设计或者成功运用了某个技巧，都会有感到满意的时刻。知道自己的想法得到鲜活逼真的具体呈现，那种感觉真是不错。

您是否拥有钟爱的工作场所？我喜欢在家里的办公桌边工作，那是一个特别具有个性化的创意空间。

一天里您是否在某个特定的时刻最有创意？半上午到午后的这段时间里我最有创意。

您是否拥有参与设计过程的团队？我的助手们总在那里，我会向他们征求意见，他们会有创意地对我发起挑战。在整个设计过程中我们会进行热烈的辩论。

您的调研和设计工作何时从2D平面效果转换为3D立体效果？如何进行这一转换呢？在设计过程的不同时期。有的服装在最初的草图绘制完毕后就需要立即进行立体剪裁，而有些可以等候。

2012秋／冬系列的开发，多种方式进行调研，最初手稿和印花实验

2012春/夏系列

玛丽·卡特兰佐

MARY KATRANTZON

杰夫·昆斯，《破蛋（蓝色）》（Cracked Egg），作于1994—2006，镜面抛光透明涂层不锈钢，由两部分组成

玛丽·卡特兰佐于1983年生于雅典。在罗德岛设计学院学习建筑后前往伦敦中央圣马丁艺术与设计学院，获得服装纺织品设计硕士学位。2008年毕业后，她业已成为伦敦时装周最令人惊艳的设计师之一，已经拥有150多家国际批发商。

您是否使用速写本？我老是把速写本弄丢，所以常常只是在纸片上涂鸦。这只是用来描述我们进行头脑风暴集思广益时的某个想法或者是把什么东西草草记下，因为我在电脑上进行大部分工作。

您如何形容自己的设计过程？每个系列都拥有各自的主题。我们以一个直观的图像开始，将其发展为由多种参考素材制成的抽象拼贴画，以此确定印花图案，然后我们处理廓型。设计廓型和修改印花图案同时进行，如果廓型发生改变印花随之改变，反之亦然。

调研在您的设计中发挥何种作用？调研在设计过程中确实是一个重要的部分。例如，当我们考虑吹制玻璃作品的时候，我们和吹制玻璃艺术家彼得·莱顿（Peter Leyton）一起共事；当我们专注于内部装修的时候，我们会阅读大量的《建筑学文摘》（Architectural Digest）和《室内装修领域》（World of Interiors）之类的杂志，来创造一个房间的内部设计，然后使用这个房间来创造一个印花图案，这个印花图案将最适合女士的衣柜。

您认为自己的调研属于个人的努力还是团队的合作？这绝对是团队的努力。我拥有绝佳的团队，他们真正支持我的工作，也一直是公司发展的重要角色。

您的设计过程是否涉及摄影、绘画和阅读？我的设计过程涉及以上三者。我们常用自己拍摄的照片进行创作。开发2012春/夏系列时，我用类似军方方阵的方式研究花田，而这必须事先用笔进行描绘。同样地，阅读的重要性也不可低估，特别是当我们考虑18世纪肖像画和艺术品这样的主题时，阅读尤其重要。我觉得，有种文学上的重要性必须得到团队所有成员真正的理解。

什么是您的设计过程中最令人愉快的部分？我觉得所有一切都令人愉快，否则一周7天，一天24小时从事我们所做的工作会非常困难。我非常享受调研工作，喜欢去发现系列设计将会引领我们去向何方以及带给我们什么新发现。如果说有困难的话，主要是必须快速发展的局限性，而且我们并非总是有大量资源和大把时间去进行探索和调研。

什么为您的创造性提供动力？我总是通过设计考虑得到过滤的美感，这种美总能给予灵感。我喜欢以不同的方式考虑某个设计，在头脑里翻来覆去地考虑，改变其背景，或者制造具有颠覆性但同时具有可穿戴性的东西。有一条共线将所有的主题联系在一起。吹制玻璃是香水瓶的一个步骤，然后艺术品都自然而然地来自系列的内部。

您使用何种资源作为灵感来源？您是否经常重温某些资源？我阅读大量书籍和旧出版物，如建筑学杂志或照片画册。发现这么多不同的参考资料真是特别有趣。如今，因为我们生活在数字时代，很容易存储这些图像和赋予我灵感的一切。而且，随着设计工作的发展，我还可以随时重温它们。

在您的设计过程中不可或缺的材料是什么？最最不能缺少的就是电脑，因为我经常使用图像处理软件Photoshop。

您的设计过程是否总是遵循相同的路径？我的工作方式有一定的结构感，特别是在寻找创作主题并开始对其进行调研的时候更是如此。但取决于不同的主题内容，各个季节的服装设计过程各不相同。对艺术品来说，我们所关注的是原东德迈斯出产的瓷器和乌木屏风上的图案。而对日常物品来说就是构建印花图案的不同方式了。我们关注的并非装饰性的本质，而是更加关注造型与形式以及设计印花图案的方法如何能让自己忘却物体的实用主义本性并创造出更适合在某个特定场合穿戴的东西。

得知某个设计可行之际，是否有那么一刻，您会欢呼一声"我发现了"？一个系列从锦缎到刺绣，从印花到鞋子，总那么多不同的主题、方向和元素可供探索，看到一个系列成形，总是让人感觉特别兴奋。看到系列真正大功告成，想象成为现实的时刻，我想这就是欢呼一声"我发现了"的时刻。

您是否拥有钟爱的工作场所？我喜欢跟团队成员们一起呆在工作室里，坐下来谈谈我们的计划以及我们的工作方式，并突破前一个季的局限。我也喜欢抽工夫集中注意力发挥创造性在家从事设计工作。

一天里您是否在某个特定的时刻最有创意？我很喜欢夜里在家工作，因为我整天呆在工作室里忙着开各种各样的会，因此唯一能真正专注于设计的时间就是夜晚。

您是否拥有参与设计过程的团队？我们有6个人参与设计，没有他们我什么也做不了。

您的调研和设计工作何时从2D平面效果转换为3D立体效果？如何进行这一转换呢？这是一个循序渐进的过程。我用找到的图像制作2D拼贴画，将其作为模板来制作印花图案，然后在电脑上描绘这个图案。之后，将其在人体上转换为3D拼贴画，并影响了我们之后设计的众多廓型。

莫罗·加斯佩瑞

MAURO GASPERI

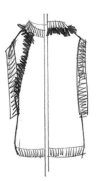

2013春/夏系列的设计手稿

莫罗·加斯佩瑞生于意大利布雷西亚市，至今仍以此地作为工作基地。他先后在佛罗伦萨的艺术高中（Vincenzo Foppa）和柏丽慕达时装学院求学，专攻时装和针织品，并于2002年毕业。2003年他曾供职于杜嘉班纳（Dolce & Gabbana）和克里斯蒂亚诺·菲索雷（Cristiano Fissore）品牌。2008年，他决定创建自己的品牌。

加斯佩瑞深深着迷于对比效果，他的女装设计优雅而精致，唤起人们对20世纪40年代的回忆。然而，所使用材料取得的效果又让人缅怀20世纪80年代的强烈而坚定的风貌。他的服装特色是褶皱和刺绣，他专注于为现代时尚女性创造独具特色的表现女人阴柔之美的服装。

2013春/夏系列的设计手稿

您是否使用速写本？当然要用了，我可少不了速写本。不论做什么，我都会随身携带一本。那是普普通通的一本笔记本，我用它记录关键词，那些"告诉我"一些东西并赋予我灵感的文字。然后我把头脑中的想法"翻译"成草图。

您如何形容自己的设计过程？我想赋予我自己名字命名的品牌以生命。极简主义款式的原理以及我对时装和创意的热爱对我的风格产生了影响。

调研在您的设计中发挥何种作用？调研在我的创意过程中总是扮演着极为重要的角色。调研带来灵感。它首先意味着观光旅游、发现新地方、参观产销会以及其他有助于为系列的设计收集资料的活动。我也对各种艺术和文化的体验非常感兴趣。最重要的是，我也喜欢建筑学，特别是意大利著名建筑师马希米亚诺·福克萨斯（MASSIMIL-IANO FUKSAS）的作品。

您认为自己的调研属于个人的努力还是团队的合作？我认为，基本上，时装是对生活和现实的个人化诠释。然而，我认为自己的风格是团队合作的结果。

您的设计过程是否涉及摄影、绘画和阅读？对我来说，设计的起点是绘图。绘图也一直是我真正的激情所在，因此，我个人创意过程的所有其他方面都与之相关。

什么是您的设计过程中最令人愉快的部分？当我的服装作品成为拍摄对象的时候，我总会感觉到一种十分强烈的情感。不知为何，那种感觉就像是目睹自己的系列真正地"诞生"，对我来说更为困难的是将自己的创造适应市场规则和市场需要。有时候，我得检查自己的创作本能，并考虑自己的服装一旦进入服装业机制后展现的"生命力。"

您使用何种资源作为灵感来源？您是否经常重温某些资源？灵感基于了解和探索世界的欲望，是真正的大千世界，也是以艺术形式存在于人头脑中的那个独一无二的世界。我常常去伦敦和巴黎的市场逛逛。同时，我也热衷于阅读和翻阅杂志，可谓手不释卷。

在您的设计过程中不可或缺的材料是什么？我热爱酒椰叶纤维，而且也一直倾心于编织工作。

您的设计过程是否总是遵循相同的路径？我倾向于遵循同样的路径。我喜欢有系统的创造性。灵感和洞察力先行，然后是对材料及过程进行调研，最后就是得以完成的服装设计。

得知某个设计可行之际，是否有那么一刻，您会欢呼一声"我发现了"？可以说有那么两次。一次是看我的服装作品刊登在《意大利时尚》上，另一次是在柏林时装周2011/12秋/冬系列发布时，我的作品被誉为"有前瞻性。"

您是否拥有参与设计过程的团队？我很幸运，拥有一个出色的团队。虽然人不是很多，但个个都独当一面，无可替代。

您的调研和设计工作何时从2D平面效果转换为3D立体效果？如何进行这一转换呢？我是个传统主义者。最初想法的创造和发展都是以2D平面效果进行的。3D立体效果是最后的事情了。不知为何，平面的服装在我看来已然"真实存在。"

迈克尔·范·德·汉姆

MICHEAL VAN DE HAM

迈克尔·范·德·汉姆2009/10秋/冬系列设计的效果图

迈克尔·范·德·汉姆生于荷兰，现常驻英国伦敦。他对色彩错综复杂的运用和新奇布料和复古面料的融合相当引人关注。

迈克尔·范·德·汉姆曾在中央圣马丁艺术与设计学院求学，获得了该学院声望很高的时装硕士学位。将和谐自然地拼缝在一起的复古德沃尔天鹅绒、颓废派的锦缎和印花真丝进行混搭，他展示了自己高超的现代解构主义的酷酷感觉。他把取自不同时代的面料并置在一起，对各种材料进行重新诠释，令其表现出完全的现代性。

迈克尔·范·德·汉姆引领时装的穿着方式使其获得"Fashion East"对其在伦敦时装周头两季的支持，以及Topshop和英国时装协会新生代（NEWGEN）项目的赞助。他的批发商有来自伦敦的Liberty和Browns Focus，也有美国、中国和迪拜的精品店。国际上对其作品的需求量很大，而他为Topshop设计的精品系列每个季节都销售一空。

迈克尔·范·德·汉姆2010/11秋/冬系列试装照

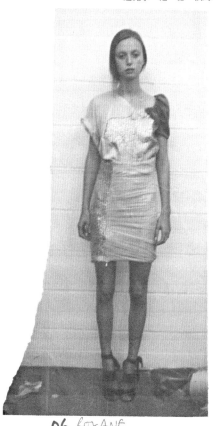 

06 ROXANE 04 ALICE

您是否使用速写本？我不用本子工作，但在墙上放块大展板，这样我能够一次性清清楚楚地看到所有东西。

您如何形容自己的设计过程？拼贴、混搭、肌理感。

调研在您的设计中发挥何种作用？在参考很多旧式服装和老式面料让我的设计表现一体性时，调研在我的设计中起到很重要的作用。我也会研究过时的杂志或者设计书，并将不同的参考素材拼贴在一起进行重新诠释或者表现不同风格，这样我的参考素材就成了全新的东西。

您的设计过程是否涉及摄影、绘画和阅读？调研之初，我以旧式服装的图片或者实际的旧式服装或者老式面料作为起点。有时候，照片画册也很不错，可惜大多数都是来自时尚书籍或者杂志。然而，有时候，设计就不外乎寻找激动人心的面料，这些面料就成了设计工作的起点。

什么是您的设计过程中最令人愉快的部分？我热爱寻找面料，开发印花、提花、色彩、压花和刺绣。也喜欢创造造型，将不同的面料和织物质地结合在一起。我还特别喜欢关注纺织品，当然那绝对是每个系列的重中之重。

是什么推动您的设计过程？我喜欢中央圣马丁学院的图书馆，当然伦敦也有不少我特别中意的书店。我不仅仅把不再流行的服装作为调研对象，我也喜欢以3D立体的工作为出发点，如立体剪裁或者制作坯布样衣。

在您的设计过程中不可或缺的材料是什么？用来进行拼贴的手术刀；贴满图片的高质量主题板；大头针和进行立体剪裁的人体模型。便宜的白色聚酯纤维用来制作坯布。

您的设计过程是否总是遵循相同的路径？我肯定拥有某种特别的工作方式，当然也有例外情况。每个系列都以完全不同的方式得到呈现。因此，我的设计过程没有相同的路径，各个季节可谓大相径庭。

您是否拥有钟爱的工作场所？我的工作室啊，但是我也很享受在家中起居室里工作。这两个地方都是我钟爱的工作场所。有时候我在工作室里呆腻了，我就在家工作。要么，周末我就待在工作室里，团队成员都不在那儿，环境非常安静，我能够从容不迫，也不会受到任何干扰。我这人太容易分心。

一天里您是否在某个特定的时刻最有创意？没有，每一天都是新的。而且，一年四季里，不同的时期各有千秋。有时候，好主意在大半夜悄然而至，这倒是挺烦人的。

您是否拥有参与设计过程的团队？我进行所有的设计，也提出想法，但是我不再进行剪裁的工作了。我找到了一位手艺特别棒的裁剪师，我喜欢看她裁剪服装。在试穿后我会对裁剪的裁片进行修改，她会打样并开始所有的纸样工作。关于印花，也是由我提出最初的理念，然后交由别人把实际的想法制作出来，因为制作每个纸样同时还能想到新主意这是不可能的。交由别人去进行深度拓展工作很有好处，因为这样你可以用新的眼光去审视作品。

迈克尔·范·德·汉姆2009/10秋/冬系列设计的拼贴效果图，未曾使用的设计

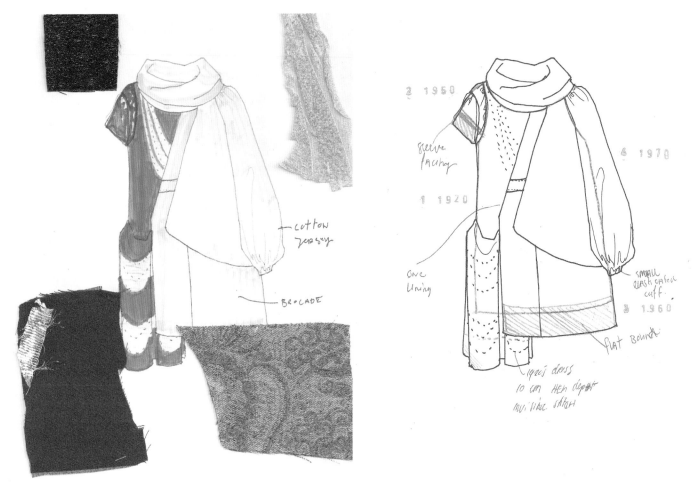

迈克尔·范·德·汉姆2009/10秋/冬系列设计的拼贴效果图，"Look 1"

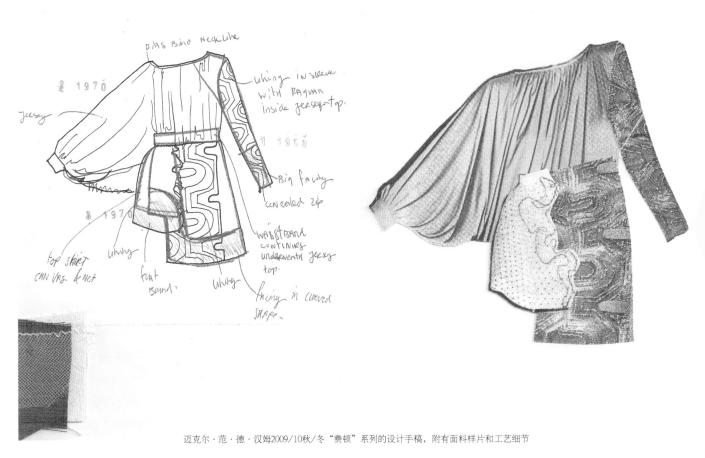

迈克尔·范·德·汉姆2009/10秋/冬"费顿"系列的设计手稿，附有面料样片和工艺细节

迈克尔·范·德·汉姆2009/10秋/冬系列设计的拼贴效果图

珍珠之母

MOTHER OF PEARL

由玛娅·诺曼（Maia Norman）创立的品牌"珍珠之母"利用时装和功能性运动装之间彼此对抗的力量，并将它们结合成一个极为奢华的系列。诺曼和她的设计总监将艺术和时装融合起来，使用包括皮革和丝绸等精致面料制作穿戴方便的服装。

"珍珠之母"设计工作室

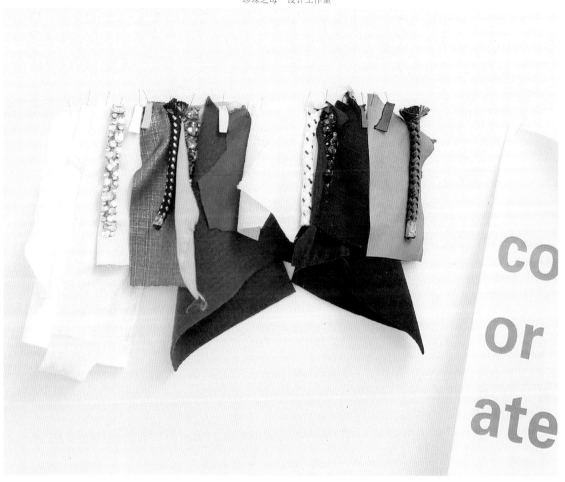

　　诺曼毕业于巴黎帕森斯设计学院，获得艺术学位，与杰伊·乔普林（Jay Jopling）和达明安·赫斯特（Damien Hirst）一直保持联系，并长期与艺术世界关系密切，这已经对其品牌产生了深刻的影响。

　　每一季，"珍珠之母"挑选一位艺术家一起进行合作，将他们的作品通过印花的形式融入设计中。过去曾与波莉·摩根（Polly Morgan）、基思·泰森（Keith Tyson）和加里·休姆（Gary Hume）进行合作。2012/13年秋/冬系列，"珍珠之母"与常驻纽约的艺术家弗雷德·托马塞利（Fred Tomaselli）合作，后者以复杂的绘画和拼贴而著称。

与设计总监艾米·波尼（Amy Powney）的访谈录。

您是否使用速写本？我喜欢使用单张纸，这让我可以快速地把所有的纸张贴在展示板上，以评估整个系列的融合度。我觉得速写本会在一定程度上限制设计的发展。尽管如此，我常常随身携带一本速写本，上面总是画满了乱七八糟的图形，记满了难以辨识的笔记。

您如何形容自己的设计过程？每个季节，玛娅和我首先筛选她已经挑选好的艺术家，我们会考虑每位艺术家与品牌审美观的匹配度以及如何将其作品转换成可以重复使用的定位印花图案。一旦选定了艺术家，我们接着开发色彩的补色和主题，这会成为系列的基础。至此之后，我们寻找合适的运动参考物，然后继续开发廓型和装饰品并进行最后的加工润饰。

调研在您的设计中发挥何种作用？第一手的调研，实际上就是走出去观察和感觉身边的事物，这对所有的设计过程都至关重要。当然调研还包括传统的方法，如杂志上撕下来的纸页和主题板。还有，因为众多博主的丰富想象力，互联网也成了调研的一个重要组成部分。

您认为自己的调研属于个人的努力还是团队的合作？这是玛娅和我这个二人团队的合作。

您的设计过程是否涉及摄影、绘画和阅读？不想让人觉得我很老土，但是我真的觉得作为设计起点的手绘草图是不可替代的，而且我常常花费大量时间去阅读每个艺术家的创作背景和历史。这会留下各种各样的潜意识的印记，有助于在设计过程中为我提供引导。我们在试穿和开发廓型阶段也会用到摄影。

什么是您的设计过程中最令人愉快的部分？与艺术家的合作向来令人愉快。至于设计过程，我喜欢运用色彩的工作。看到系列从最初的草图慢慢发展成实际的服装组成部分，总是我乐于做的事情。还有细节也是我钟爱的东西。我喜欢一丝不苟地处理每个部分，以此确保每件服装既能独树一帜，也能成为系列不可分割的一部分。

是什么推动您的设计过程？对我们"珍珠之母"品牌来说，艺术家是关键。但我们总是将其与所选运动参考物并置。我不会把所选择的运动参考物看得太重，这样就给系列添加了一点幽默元素。同时毫别致的运动装一样，我也很欣赏"品位糟糕"的运动装。

您使用何种资源作为灵感来源？您是否经常重温某些资源？我是绝对的电影迷，肯定会花更多的闲暇时间去享受电影而不是阅读。在视觉上我容易受到激励，所以最爱的就是看上一场好电影，关掉其他的所有一切。我认为各种图像都存在于我们的潜意识之中，会因为相关联的什么东西而出其不意地浮现出来。我特意不要电视机，因为我知道要是有了电视机，我会连续数小时直瞪瞪地观看垃圾节目。

在您的设计过程中不可或缺的材料是什么？对于设计过程而言，一支"低劣"的铅笔是我的头号必备物品！一般的铅芯铅笔就不是为我而准备的，它们太精准了。至于

纸张，我忌讳的是精装本里的纸张，那种感觉就好像本子有一面总在尝试吞噬你的作品，所以我绝对是只使用散页纸进行设计的设计师。

您的设计过程是否总是遵循相同的路径？在这个行业，无论哪个季节，总是没有时间来拿设计过程做实验。这个过程向来以逻辑和速度为基础，仅有的改变来自对前季服装的改进，而通常这样做的目的是节省时间、减少浪费。

得知某个设计可行之际，是否有那么一刻，您会欢呼一声"我发现了"？那是当然了，这已经成了一种本能反应。你会感觉到一阵能量像波涛般汹涌而来。如同电灯泡的那个隐喻真正生效，有样什么东西发出喀哒一声，灯泡就立马亮了。

您是否拥有钟爱的工作场所？我喜欢在我们的会议室里工作。那里自然光光线充足，几乎成了我和玛娅共同的设计室。我的确有一间办公室，但是其大小和安排弄得它成了正儿八经的环境。

一天里您是否在某个特定的时刻最有创意？我想是下午，我绝对不是适合在早上工作的人。

您是否拥有参与设计过程的团队？显然玛娅投入了大量精力，我还跟一位服装设计师在这个服装季定期合作。鉴于要处理的印花量以及制作的复杂性，我们拥有一个三管齐下的平面设计师团队，大家一起进行密切合作。

您的调研和设计工作何时从2D平面效果转换为3D立体效果？如何进行这一转换呢？几乎是直接从2D平面到3D立体的转换。一旦我对初始草图感到满意，就会直接进入在人体模型上立体剪裁的环节。以3D立体效果进行工作可以大大降低误差的幅度。很容易痴迷于一遍接一遍地对草图进行修改加工，而最终却发现自己辛辛苦苦制作的2D平面效果根本无法转换为3D立体效果。

"珍珠之母"设计工作室

上图："珍珠之母"设计工作室

下图：艾米·波尼2012秋／冬系列的拓展手稿和灵感

艾米·波尼2013春/夏系列的拓展手稿

速写本展示艾米·波尼2012秋/冬系列的拓展手稿和灵感，展示了弗雷德·托马塞利（Fred Tomaselli）的艺术作品

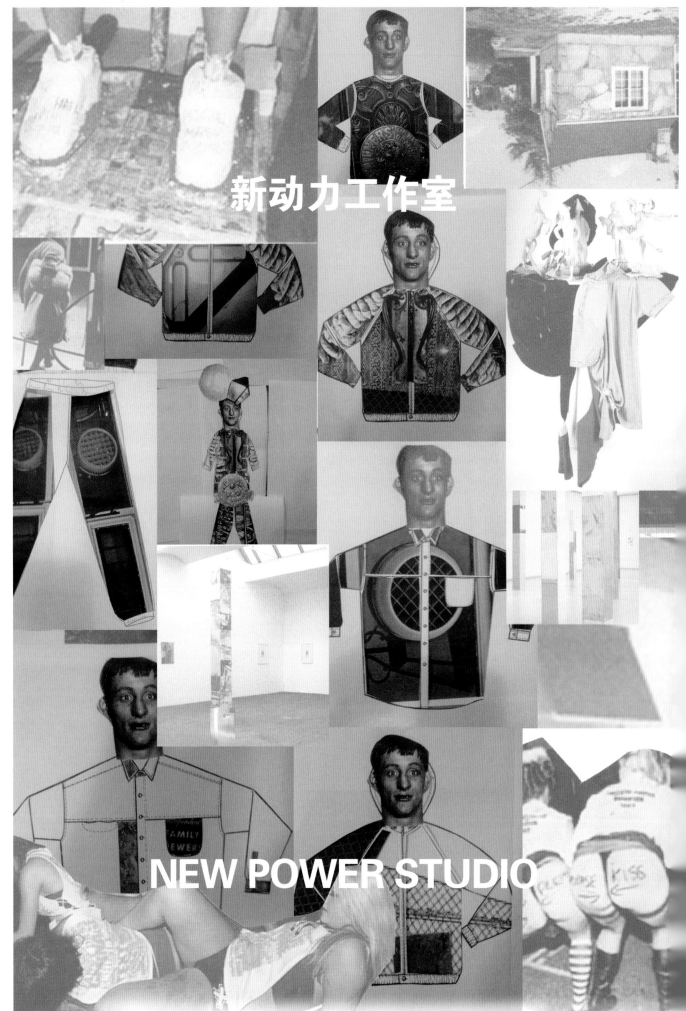

新动力工作室

NEW POWER STUDIO

2012秋/冬"最后之舞"系列的灵感图和汤姆·墨菲（Tom Murphy）的画作，由柏林/科隆、Galerie Buchholz提供爱莎·根泽肯（Isa Genzken）照片

服装设计师汤姆·墨菲于2009年创立名为"新动力工作室"的男装时尚品牌。其标志性风格强调20世纪90年代的音乐和时尚背景对休闲服装的影响，将都市审美观与运动型的夸大廓型和细节设计进行混搭。他巧妙地处理经典的服饰品类如运动裤、长袖马球衬衫、短裤和饰品。尽管依然讲究剪裁和缝制技巧，其风格的突出特点为运动型。

自2010年以来，新动力工作室一直在伦敦时装周发布作品，其服装系列常常以戏剧性的方式得以展现，具有幽默感地进行把玩，使其成为视觉故事讲解的一部分。其风格的演绎方式既淘气俏皮又新颖独特。伦敦的众多品牌在积极突破时装的界限，并探索男装新概念，新动力工作室仅仅是其中之一。

您是否使用速写本？不，不太用，我的工作多半以拼贴画为基础。

您如何形容自己的设计过程？我通常从看似截然不同的随意物品和图像中收集很多信息，然后让某种情感从中脱颖而出，有时候有点"我想要一双那个什么"或者"我死也不穿那个"等类似的感觉。

调研在您的设计中发挥何种作用？我觉得调研和设计同等重要。整个过程实际上是同一件事。还必须包含一种戏耍的元素，因为如果整个过程表现太多的计划性，就和大多数东西一样，会显得缺乏感觉。我不愿意当一个熟知设计领域全部细节的乏味设计师，这样的设计师已经太多了。粉丝太多，表演者太少了！

您的设计过程是否涉及摄影、绘画和阅读？当然，这个过程涵盖所有一切。包括我的自我感觉、我觉得无聊的东西、我热爱的一切——如一个图像、一个句子或者我正在阅读的一本书。最后我弄明白了，然后把我引向别的东西。我总是做很多很多的调研工作。

什么是您的设计过程中最令人愉快的部分？我觉得大半设计过程水到渠成、不费力气。但是我的想法很多，这个过程会因此变得十分复杂，所以常常不得不进行编辑、删除或者舍弃一些想法。

您是否经常重温自己作为灵感来源的某些资源？不，不会刻意为之，但是很显然，总有同样的人物闯进我的头脑。

在您的设计过程中不可或缺的材料是什么？没有什么不可或缺的东西。不过，我喜欢把很多东西拼贴在一起，还有我特别喜欢白板，我想我一共有七块白板。它们让我感觉特别满意，只用擦擦就能继续工作。其中有一块是用灰色玻璃制成的，还带有磁性擦具。这是一个领袖，是其他的追随对象。它非常具有政治性。

得知某个设计可行之际，是否有那么一刻，您会欢呼一声"我发现了"？当然啦，是那一刻——当所有的细节包括从发布会上的音乐到布景到服装的结构紧密相连的时刻。不过，貌似只有我关注这样的细枝末节。我尝试跟团队解释这个的时候，他们只是一边听着我夸其谈一边锉指甲。

您是否拥有钟爱的工作场所？我的工作室极不寻常，我非常有幸能拥有这样一个工作室。它简直就是完美无缺。

一天里您是否在某个特定的时刻最有创意？凌晨2点48分：此时我正燃烧。

您是否拥有参与设计过程的团队？是的。我的团队负责实现所有服装，处理细节，进行立体剪裁并将一切形成一个整体。他们的贡献颇多，但是整体的感觉纯属于我个人，否则只会弄得混乱无序。

奥利弗·斯宾塞

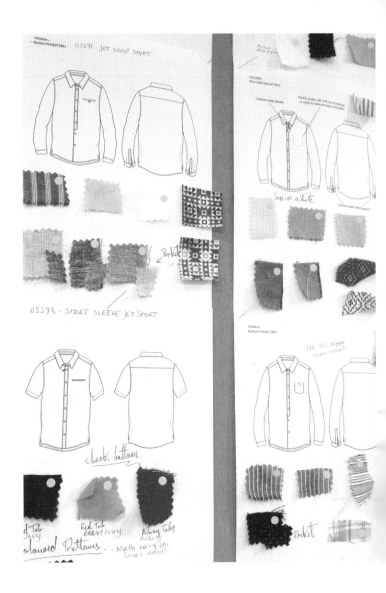

　　作为自学成才的裁缝和设计师，奥利弗·斯宾塞创造了自己乐于穿着的服装。他的重点一直放在能表达男性自信和阳刚之气的实用且时尚的服装上。2002年他创建了用自己的名字命名的品牌，目的是缩小时尚休闲装和传统订制业之间的差距。他使用高品质的面料来制作当代合体型服装，但借鉴了传统男装的制作技巧。

　　斯宾塞创造的服装系列并非属于先锋前卫派或者难以穿着的服装。他认为，男人喜欢穿以精致和经典外观表达低调时尚风格的统一服装。在服装系列中，他经常参考德国和英国二战期间的服装造型。传统的狩猎装、美国的历史素材和源自日本的理念在他独特的英式风格中也得以体现。

　　斯宾塞正不懈努力，将多样性带入时装表演。他雇佣不同年龄和种族的模特，进一步凸显了脚踏实地的设计方法。

OLIVER SPENCER

您是否使用速写本？我们不使用速写本，用的更像是笔记本，里面夹着面料样片，旁边就是笔记。多半用它来约束系列的内容。

您如何形容自己的设计过程？自我实现。噢，我的设计过程相当纯粹，因为它以面料开始，然后沿着非常简单的路线继续下去。这不是由计算机自动生成的，而是精雕细琢的结果。

调研在您的设计中发挥何种作用？调研是我们工作的重要组成部分。在系列中我们有主要的展示板，会按季节继续对其进行拓展。我会以赞同的态度研究历史。

您的设计过程是否涉及摄影、绘画和阅读？这个过程涉及绘图、摄影和在我身边直观存在的一切，当然也包括插画家。

什么是您的设计过程中最令人愉快的部分？对我而言，最愉快的就是设计面料的工作。但是我不喜欢玩等待的游戏，不喜欢等候送样品和面料的过程。一到这时候我就性子急得不得了。最好就是面料直接到手，服装在24小时内完工。

是什么推动您的设计过程？织物是我最最重要的东西。还有就是身边的环境、共事的人以及在听的音乐。

您使用何种资源作为灵感来源？您是否经常重温某些资源？音乐是我的灵感之源。威廉·惠勒（William Roman）导演的《罗马假日》是赋予我灵感的一部电影。

在您的设计过程中不可或缺的材料是什么？一本G·F·史密斯牌笔记本，似乎是为我专门定制的。我还使用G2百乐圆珠笔、图钉和一面特别大的展板。

您的设计过程是否总是遵循相同的路径？的确如此。我的设计过程总是从制作开始，转向为合适的面料定位，然后我们开始制作样衣，之后对样衣进行把玩。

您是否拥有钟爱的工作场所？有啊，我位于伦敦兰姆渠大街的工作室。

一天里您是否在某个特定的时刻最有创意？我骑自行车的时候。我是一个非常直观的人，不怎么需要坐下来画东西。我在头脑中把一切看得清清楚楚。

GRANNY BAG

CARRIE BAG

MABEL BAG

奥兰·凯利　ORLA KIELY

SPARROW BAG

CARRY BAG.

SPARROW

ELLA BAG

奥兰·凯利就读于爱尔兰的都柏林艺术与设计国立大学，随后在伦敦皇家艺术学院获得硕士学位。1997年她创立了自己的品牌。凯利在多乐士设计委员会任职，并为泰特美术馆的夏季展览设计了三个精品系列。她曾两次获得英国时装出口奖和一次英国时装出口金奖。

2010年秋/冬系列色彩概念面料小样

为针织服装概念挑选的彩色纱线

奥兰·凯利是一个新兴品牌，制作的产品包括成衣系列、家居用品、室内陈设品、箱包、配件，以及特色包袋。凯利的系列产品表达了典型的英式生活方式。她的时尚风格独具一格，既异想天开又充满女人味，其特色始终是具有冲击力的印花图案以及精致优雅的美感。最为出名的是其标志性的"线性茎干"的印花，将20世纪70年代的怀旧感和现代的图案融为一体。凯利的复古风格已然成为当代设计的经典，一眼即可认出，而且举世闻名。

您是否使用速写本？速写本用起来更像是一种收集工具。某个系列的设计过程中，我们用速写本收集照片、色彩素材和装饰物。不论什么都可以收集到速写本里。我也常常回顾前季的速写本。

您认为自己的调研属于个人的努力还是团队的合作？两者兼而有之。我们通力合作，创造很多不同的产品。

您如何形容自己的设计过程？不论是成衣、配饰、家居用品还是办公用品，所有产品的设计过程总是以色彩开始。色彩范围的选择至关重要，而且有助于创造所设计产品的氛围和感觉。选定色彩故事之后，我就会逐一解决产品的审美感。这通常以观点想法的手绘开始，特别对服装和包袋而言。一旦达到对设计满意的阶段，我就将想法理念转到电脑上，这样就能对其色彩、尺寸和其他元素进行各种尝试。

调研在您的设计中发挥何种作用？调研当然至关重要。对于包括服装、包袋、家具和包装的所有产品，如果某些情绪和主题让我感觉特别有灵感，我都会对其进行细致调查。这可以是电影、电视节目、展览、图画或者日常生活。我想，作为一个直观的人，我不可能真正地停止调研，我永远不停地汲取新事物的营养。

您的设计过程是否涉及摄影、绘画和阅读？我总是以手绘开始印花元素，以此来为其他元素创建理念。一旦某个元素效果不错，我就把手绘的图转到电脑上进行色彩和尺寸的处理。成衣和配饰的设计总是从绘图、大量调研和阅读开始。

什么是您的设计过程中最令人愉快的部分？最有趣的时刻是得知某样东西效果不错。设计工作很有挑战性，特别是不得不对其进行筛选淘汰来选定最终理念的时候。

是什么推动您的设计过程？我总是觉得设计过程中的特定阶段特别令人陶醉。中世纪斯堪的纳维亚的设计也特别能启发灵感。印花图案的灵感随处可得，可以来自一幅图画、一个茶杯，甚至是跳蚤市场偶然得到的一块布片。从20世纪60年代的一部老电影到一件老式服装上找到的装饰，到走在大街上的靓丽女孩，都能为服装和包袋的设计提供灵感。

您使用何种资源作为灵感来源？您是否经常重温某些资源？每个季节通常都有创造系列情感的某种情绪或者出发点，不论那是一部电影、一本书还是某个特别的女孩。

在您的设计过程中不可或缺的材料是什么？铅笔、毡制笔、装面料色彩样片的罐子、潘通色卡书、苹果电脑！

您的设计过程是否总是遵循相同的路径？我想，每个季节的设计过程别无二致，都是调研、阅读、绘图和设计，但是这个相同的路径会把我带到完全不同的终点。

得知某个设计可行之际，是否有那么一刻，您会欢呼一声"我发现了"？当你觉得某个设计不错的时刻是一个非常本能的一刻。直到创造最终产品之前，设计会耗费大量时间，需要对很多不同的选择进行尝试。了解到自己已

经得出正确结论的时候，这是一种自热而然的感觉。

您是否拥有钟爱的工作场所？我通常在我们设计部自己的办公室里工作。在这里我收藏有大量的书籍、古旧的样品和色彩样片。

一天里您是否在某个特定的时刻最有创意？一天天的日子都特别繁忙。我们常常多个项目同时进行。每个产品都有自身发展的时间表，因此我常常就不同理念进行连续工作。口了会过得相当疯狂！

您是否拥有参与设计过程的团队？我拥有一个强大的设计师团队，他们与我就成衣、配饰、印花和家居用品的设计通力合作。我们的设计过程属于团队的共同努力，但我想是我个人对品牌的理念进行监督和引导。

您的调研和设计工作何时从2D平面效果转换为3D立体效果？如何进行这一转换呢？这个转换对于每个产品都不相同。对印花来说，很多时间花在获得正确的色彩平衡以及可行的主题元素。当我对某个印花图案感觉满意的时候，我们就把图稿送到工厂继续打样。此时，我就能判断在所选布料上印花是否行得通。我们还能修改设计直到满意为止。对于服装而言，我们会进行绘图，直到对设计方案满意为止，然后我们会跟内部制板师一起制作服装原型。对此也满意的话，我们就让工厂加工服装原型进行审核，之后才会制作样品。对包袋来说，所有工作都是手工制作，我们对图稿进行比例缩放，指导工厂进行包袋的制作。

2011年春/夏系列，纸上绘制的印花图案

2012年春/夏包袋设计理念与设计手稿

2013年春/夏度假系列的服装设计手稿

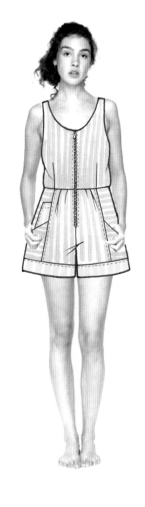

2013年春/夏系列的设计稿

另一个

OTHER

　　"另一个"品牌的前身是"b store"，源自2001年的一个鞋子品牌，当时在伦敦有店铺。为了在国际上打响这个品牌，这个商店也为毕业生提供服装设计秀的机会，并帮助许多年轻设计师启动职业生涯。它随后因吸引大量新兴年轻的设计人才而声名大振。

　　2006年，该商店迁至世界最顶级西服手工缝制圣地萨维尔街，品牌发展壮大，包括一个男女皆宜的服装产品线，为"b store"提供一个新的维度。该店随后搬迁到金利街，并赢得英国时尚大奖的最佳店铺奖。

马修·墨菲（Matthew Murphy）和柯克·比蒂（Kirk Beattie）是实体店和品牌背后的设计团队。墨菲曾就读于布罗德斯泰斯，并任职于Victor Victoria品牌。比蒂曾为英国男装品牌Uth工作。b store品牌提供大众而时尚的男女装。它曾在伦敦时装周进行时装发布会并向全球50多个批发商销售产品。b store服装品牌继续探索新的零售渠道，并于2012年，将店铺更名为OTHER。

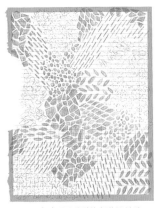

2013年春/夏系列的印花设计稿

与b store女装设计师克洛伊·斯特鲁伊克（Chloe Struyk）的访谈录。

您是否使用速写本？我使用Tumblr微博作为在线速写本。我非常珍视速写本的制作，因此没有足够的时间把它们弄得如我想象的那般复杂，而且在上大学的时候我的确用过实际的速写本。现在是我把电脑上的图像转换成数字主题板，然后打印出来，作为公用大主题板的一个部分订在墙上，我和马修和柯克共享这个主题板。柯克和我更多的是进行数字化的调研，而马修在整个设计季都使用速写本。翻看他的速写本真的用处很大，我也常常受到他所挑选图像的启发。

您认为自己的调研属于个人的努力还是团队的合作？b store的所有一切都是团队合作的成果！

您如何形容自己的设计过程？我们设计团队由四个人组成。西蒙娜负责鞋类产品的设计，马修和柯克负责设计男装，我负责女装设计。我们各自分头开始调研，翻阅查看过期杂志，逛逛古董店和古董市场。我也会充分利用艺术大学的图书馆。各自收集图像后，我们会一起坐下来开始整合此季的设计方向。我们拥有非常相似的审美感，所以非常幸运的是，我们通常都志同道合。

调研在您的设计中发挥何种作用？调研是设计过程的主要内容。一开始我总是在图书馆翻阅杂志的过刊，它们常常触发网上进一步调研的方向。我也常常使用在线销售手工工艺品的ETSY网站，那里的复古产品远比伦敦多数古董店的商品要精致得多。我们的调研十分广泛，兴致勃勃地将整个创意过程作为一个整体，因此我们也会尽力参观大量展览，观看很多电影。

您的设计过程是否涉及摄影、绘画和阅读？设计过程涉及到以上三样。我知道这听起来有点陈词滥调，但是我们一直在坚持工作。2012/13秋/冬系列的印花就是受到偶然见到的一张台布的启发，当时是夏天，我正在意大利度假。我还必须随身携带一架相机。在设计过程的主要阶段，我绘图的主要目的是安排服装系列的印花图案。对b store来说，印花的重要性日益增长。我们的工作方式大体相同，都很少用传统的服装画的方式说明我们的理念。相反，我们从调研直接进入工艺设计图。

什么是您的设计过程中最令人愉快的部分？我最喜欢设计的初始阶段。我热爱调研工作，也尽可能花时间进行调研。我也享受设计印花的工作。柯克的绘画特别棒，因此能跟他合作进行印花设计真的不错。随着b store的发展壮大，我们希望能通过共享印花和造型，将男装和女装更多地融合起来。

是什么推动您的设计过程？让自己尽可能保持忙碌状态，参观展览、观看电影、阅读书籍。对我来说，最最重要的是不能停滞不前。我的谷歌阅读器是最新版本，它一直是出色的灵感加油站，因为里面放满了对我具有相当影响力的网站和博客。

在您的设计过程中不可或缺的材料是什么？一直以来真正重要的就是拥有高品质的文具，这让我的工作简便很多。我非常重视工艺图绘制的细节（这是我在为薇薇恩·韦斯特伍德品牌工作时学到的宝贵教训），因此我需要良好的活动铅笔和橡皮以及不同尺寸的签字笔。我用0.8的钢笔勾画草图的轮廓，0.3或者0.5的钢笔绘制内部的线条和细节，然后用0.05的笔绘制针脚。

您的设计过程是否总是遵循相同的路径？通常是相同的路径。首先，我进行调研，然后使用所获图像创作印花图案。自此之后，我开始进行设计，并对最后的造型进行参数说明。最后，我跟男装设计人员合作制作设计图。这有点像七巧板拼图，因为我们得确保面料的使用能满足最低量等要求。

您是否拥有钟爱的工作场所？我喜欢场景的变化。有时候在厨房工作也很不错，因为那里非常安静平和，而且这意味着我一直有一壶热茶候着。我一很喜欢在新的b store的工作室里工作。那个空间拥有非常不错的感觉，也是第一次整个公司拥有共同的办公空间。让大家聚到一起使得整个设计过程简单化，也让大家更有创意，我们可以更好地讨论彼此的意见。

一天里您是否在某个特定的时刻最有创意？通常夜里三点钟的时候我才思泉涌，也许是因为我急于完成工作要按时回家的缘故？我们在工作之外还有很多的责任义务。

您的调研和设计工作何时从2D平面效果转换为3D立体效果？如何进行这一转换呢？一旦我们的系列在葡萄牙的工厂投产就立即完成这一转换。我交给工厂的工艺图尽量详细，且带尺寸数据，然后就等着首个原型的制作，等原型的试穿和修改完成之后，整个设计过程自此继续下去。

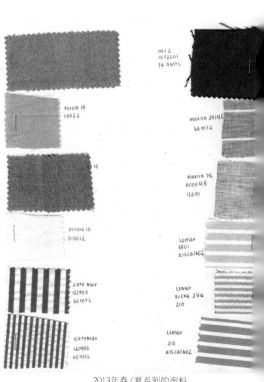

2013年春/夏系列的面料

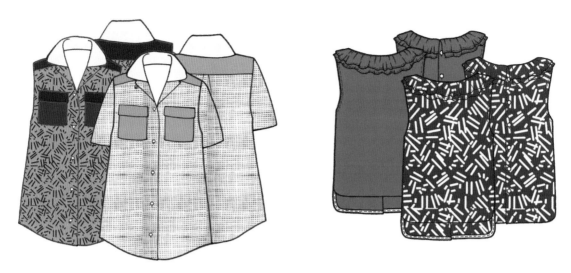

2013年春/夏系列设计稿

展示2013年春/夏系列灵感的主题板

瑞克·欧文斯

RICK OVENS

瑞克·欧文斯的速写本里有很多线条，表明设计师在用图形形状进行试验

美国设计师瑞克·欧文斯以其迷人魅力与垃圾摇滚并举的风格著称,用皮革创造了受摇滚乐启发的服装。1994年创建自己的同名品牌后,欧文斯于2002年在纽约时装周推出的系列受到了美国《时尚》杂志编辑安娜·温图尔(Anna Wintour)个人的大力支持。2002年获得美国设计师时尚委员会颁发的彼得·埃利斯最佳新人奖。同年,他将品牌迁往巴黎。2005年,他推出了一个家具产品线以及一个名为"瑞克·欧文斯百合花"的衍生产品线。

欧文斯武士般的审美感为他赢得了众多粉丝。他将军事、体育和定制的各种影响融合在一起,通过简练的色彩选择、瘦削的模特和激动人心的电子音乐成功地表现了后世界末日的想象力。罕有忠实客户对其想法的强有力表现感到失望,这种黑暗阴郁的表现手法以新颖、微妙的变化方式再现了他所要表达的明确、精准的信息。

瑞克·欧文斯的工作台上摆放着各种物品,为他的设计提供灵感源泉

什么是您的设计过程中最令人愉快的部分? 沉浸于什么东西并意识到它恰到好处。

您如何形容自己的设计过程? 我的后兜里随时揣着索引卡,我在上面记笔记、绘制粗略的草图,特别是在健身房健身或者乘飞机的时候。开始一个系列的设计工作时,我把所有卡片放在一起,进行编辑,再看看有什么收获。我奉为圣经的是保罗·维瓦里奥(Paul Virilio)著的《掩体考古学》(Bunker Archaeology),这本书记录了法国大西洋海岸上的混凝土掩体,是德国占领期间抵抗同盟国的防御工事。简单的异域形状以及它们重复性的有昭示性的风格让我很有感觉。但是在照片中,它们显得空空荡荡,被荒废遗弃,有点儿辛酸凄美。我观看它们的时候,感觉精神恍惚,仿佛进入自己最最热爱的时空。

您的设计过程是否总是遵循相同的路径? 我热爱既定的程序。

"痞子"品牌总部设在布鲁克林，2004年是一个领饰系列，现已发展为成功的成衣产品线。设计师布莱恩·沃尔克（Brian　Wolk）和克劳德·莫雷斯（Claude　Morais）探索出以复古廓型表现的维多利亚时期的审美感。"18世纪和一点威廉斯堡混合而成的在结构上具有布歇风格"，这是MAC首席化妆师詹姆斯·卡里亚多斯（James Ka-liardos）对"痞子"风格的定义，该风格颂扬了二人组合所在的布鲁克林具有艺术气息的街道高级时装。繁复的巴洛克风格因极简主义得到平衡，街头风格与时装走秀及奢华面料并举，所有一切都裁剪成经典的美式实用主义的形状。

"痞子"
RUFFIAN

2013秋／冬系列的主题板

"痞子"工作室，本·休斯顿（Ben Huston）摄影

"痞子"工作室，克劳德·莫雷斯（Claude Morais）摄影

您如何形容自己的设计过程？我们喜欢把它形容为正式的意外新发现。总有瞬间灵感一现的时刻，它就在瞬移的时光中到来。然后是面料，它也强烈地决定了系列的形式，最后我们以非正式的方式勾画廓型，用坯布进行工作，绘制色彩效果图。

您是否使用速写本？我们用软木墙作画板，这是一个生机勃勃的有机体。我们需要全面地查看所有东西，也需要将其视作一个群体进行查看，包括面料、草图、灵感图等。速写本提供的画面太小，无法展示系列的全部内容。

调研在您的设计中发挥何种作用？我们的调研是系列开发中的精髓部分。我们都是狂热分子，从经典好莱坞影片到维多利亚时代的油画等等所有一切中获取图像。

您的设计过程是否涉及摄影、绘画和阅读？我们是摄影的超级粉丝，喜欢的作品包括早期的银版照相到塞西尔·比顿（Cecil Beaton）的摄影作品。我们热爱阅读名人传记、过期的《生活杂志》，并真正地让自己沉浸于赋予自己灵感的特定年代之中。

什么是您的设计过程中最令人愉快的部分？调研和开发是设计过程中最最令人愉快而且最最激动人心的部分。走秀后的一天，虽然是一种解脱也是最为艰难的一个部分，为迎接这一天所做的种种努力是非常值得的。

是什么推动您的设计过程？永不满足的创造欲望和与客户对话的愿望。经过近10年的时间，我们很幸运地拥有

广博的珍品档案，包括服装和回忆。我们也拥有极棒的图书馆，附近还有许多世界上最优良的博物馆。

您使用何种资源作为灵感来源？我家里一直放映特纳经典电影频道。希区柯克（Hitchcock）和让·科克托（Jean Cocteau）的电影场景以及其戏剧感和比例感总是以某种方式出现在我们的作品之中。

在您的设计过程中不可或缺的材料是什么？彼此啊！我们一直就美学问题进行对话。就实际的材料而言，我们离不了铅笔和纸张。我们有各自喜爱的钢笔类型。

您的设计过程是否总是遵循相同的路径？早期正式的意外新发现是我们的口头禅。我们的确以正式的方式进行设计工作，但是每个季节赋予我们灵感的东西各不相同。

得知某个设计可行之际，是否有那么一刻，您会欢呼一声"我发现了"？这一刻在设计过程的早期到来。一旦正式启动，直到结束的时刻，所有一切就像交响乐一样流畅自然。

您是否拥有钟爱的工作场所？在曼哈顿第38大街的美妙书房里。搬过来时购置的一张旧式大木桌是战前的图书馆里用的。我们喜欢坐在这张桌子旁创作。

一天里您是否在某个特定的时刻最有创意？我们通常上午最有创意，周末的时候我们和自己的思想在工作室独处的时候也很有创意。

2010春/夏系列设计手稿，光泽纸板上铅笔和水粉绘制

为克里斯汀·拉克鲁瓦品牌
工作的撒夏·瓦克豪夫

SACHA WALCKHOFF for
CHRISTIAN LACROIX

施华洛世奇饰品定位的首次试戴照，受摄影师皮尔（Pierre）和吉尔（Gilles）拍摄的马克·阿尔蒙德（Marc Almond）照片的灵感启发，模特为帕特里克，2012冬季系列的最终

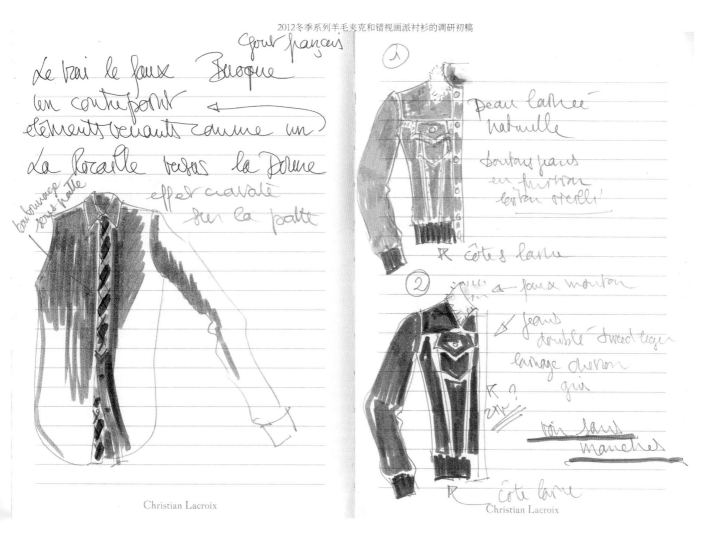

Christian Lacroix

Christian Lacroix

法裔瑞士设计师撒夏·瓦克豪夫为克里斯汀·拉克鲁瓦品牌工作了长达17年之久，直到这家著名时装店于2009年关闭。随后又重新推出该品牌，瓦克豪夫受聘为新任创意总监。以旅行作为中心主题，设计对象是当代男士，他们不论是出差还是休闲，总是在城市间奔走忙碌，他们需要兼具实用性和便利性，同时又锋芒毕露且新颖独特的风貌。伦敦是设计师公会创作的面料系列背后的灵感之源，纽约为Libretto的办公用品系列提供灵感，而巴黎是所有系列的真正家园。

新系列的特点是硬朗的裁剪手法，并带有花花公子的味道。与拉克鲁瓦共事多年，瓦克豪夫认为，新生的品牌是该时装店的技巧及新理念与拉克鲁瓦对品牌发展方向的前卫愿景的结合。

ETE 2013

chemise
raglan

70°

K-way

Christian Lacroix

Christian La

您是否使用速写本？我一直使用我们拉克鲁瓦产品线的速写本，不论是去旅行还是在工作室，一定会在包里放上一本。虽然里面的纸页看上去不一定好看，但张张都很重要，因为它们是下个系列里将要包括或者绝不包括的某样东西的一个部分。

您如何形容自己的设计过程？设计过程就是将所有灵感进行收集、混合和搭配的工作，当然，为了推出每个季节的明确形象，还得就它们做出决定。这个过程也是让我们不要忘记，我们正在创造一种表达拉克鲁瓦的新途径，呈现给为未曾亲眼目睹这个品牌发展最初几年的一代人。

您如何形容自己的设计过程？调研起着巨大的作用。它永无止境：出门旅游、观看展览、网上冲浪、看电视、邂逅世界各地街头的人们、查阅家中的档案、参加面料博览会、寻找古董、阅读书籍……调研需要你保持清醒的头脑并时时擦亮双眼，同时超越奇妙、美丽而疯狂的纷乱繁杂，找到自己的大道！

您的设计过程是否涉及摄影、绘画和阅读？我是个比较直观的人，所以读书不算很多。

什么是您的设计过程中最令人愉快的部分？脑中突然进出的思想变成世界上某个地方某个人穿的衣服，对此我永不厌倦。这就是魔力，我需要爱和魔力才能好好生活。比起给传媒记者们提供话题的走秀，我更感兴趣的是产品本身以及真实的客户将如何使用我的产品。但是，即便我更喜欢与个人进行直接交流，我在学着通过秀场这个平台解释自己的理念以及每个系列所传达的故事。

您如何形容自己的设计过程？图片、书籍和织物。我热爱面料和毛线，因为没有上好的面料和毛线就做不出上佳的服装。我家中有很多自制的拼贴书，这是我多年来的成果，我也不时地翻阅浏览它们。它们是我的"第二个记忆存储器。"

您使用何种资源作为灵感来源？您是否经常重温某些资源？电影，不论新旧，都是某个系列的创作过程中的重要触发器，还有就是各种展览。

您的设计过程是否总是遵循相同的路径？也是也不是，因为我不仅仅设计服装系列，我还参与家居面料系列、文具、墨镜等的设计工作，我还受邀为杂志拍摄照片或者为特别的活动绘制画稿。

得知某个设计可行之际，是否有那么一刻，您会欢呼一声"我发现了"？当我穿着亲自设计的衬衫或者夹克，或者坐在我们自己家居系列的面料上，而且我很喜欢它出现在我的日常生活中，我就会有那样的感觉。不过，有时候我对并非自己设计的物品或者服装也会有同样的感觉。

您是否拥有钟爱的工作场所？我的床。

一天里您是否在某个特定的时刻最有创意？晚上。

您是否拥有参与设计过程的团队？当然了，因为单枪匹马一个人做不了什么。整个团队和你个人一样重要，我认为成功总是创意团队的魔力之果。"创意团队"指的是设计师们以及行政总裁、品牌经理或者公关等所有人。

Christian Lacroix

Christian Lacroix

Christian Lacroix

Christian Lacroix

2012夏季系列的初始理念，受到20世纪90年代早期拉克鲁瓦高级定制服装的灵感启发

俄国设计师谢尔盖·格林柯对技术和知识求知若渴，尤其侧重于古老的工艺，他赋予古老工艺以新的形式，并将其应用于自己的服装设计中。其风格华丽，美学借鉴元素颇多，唤起对自己家乡的回忆，他将风格、时代感和手工技术融合在一起，创造出个性鲜明的现代服装。

谢尔盖·格林柯

SERGEI GRINKO

格林柯曾就读于俄罗斯哈巴罗夫斯克工艺时装学院。他的设计在全球出售。他在罗马有一家商店，在意大利布雷西亚有一家旗舰店。他的标志性风格跨越多种学科，广泛运用于配饰、首饰和鞋类产品。2012/13秋/冬季他推出了自己的服装产品线。

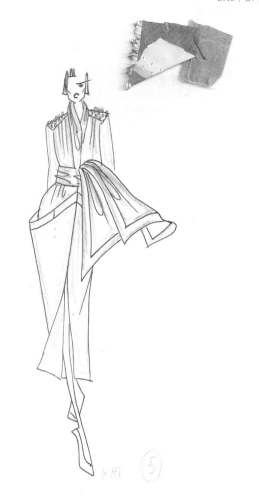

您是否使用速写本？我不会将自己的小拍纸簿称为速写本。那只是一个小小的抄写本，我在上面描绘自己的想法，然后再在大块的纸张上对那些想法进行拓展开发。

您如何形容自己的设计过程？我总是尝试为自己所创造的一切产生和谐统一的立体效果，以表现现实本身不同的变体。

调研在您的设计中发挥何种作用？通常，我从身边的一切事物和生命中所遇见的所有人那里汲取灵感。例如，在佛罗伦萨街头我看到了一扇大门的金属部分并受其启发创造了衣领的形状。又如，2013春/夏女服系列丝绸面料上的数码印花图案的灵感来自在伦敦维多利亚和阿尔伯特博物馆参观时偶然见到的多宝阁（科学和植物展厅内的一个珍宝陈列柜）。

您的设计过程是否涉及摄影、绘画和阅读？我的灵感来自所有活动，包括上面提及的部分，还有电影院、剧院以及来自俄罗斯的芭蕾舞。

什么是您的设计过程中最令人愉快的部分？创作某个系列时，我从对基本主题的调研开始工作，接着将调研发展为草图，以纸制模型和样品跟进，这个过程中没有一刻令我感觉枯燥无味，我无时无刻都感到欢欣鼓舞，就像一个父亲在等候亲骨肉的降生！

是什么推动您的设计过程？从服装到珠宝首饰，包括手袋和鞋类，我所有创作的目的都是为了以不同的方式改善并表现3D立体效果。任何产品都不可平板单调，而同时所有一切都必须拥有自己独特的外形。

您使用何种资源作为灵感来源？您是否经常重温某些资源？我从身边所有事物和所有人身上汲取灵感，当然，电影院也是一个重要的灵感源泉。

在您的设计过程中不可或缺的材料是什么？噢，我通常是在普通的纸张上绘制草图，然后用铅笔给草图上色。在这个过程中对我来说十分重要的是左手边要放上一块面料或者即将创作的服装的一些部件，因为即便是样品，也会跟草图大不相同，在创作时，我需要材料与我同在的感觉。它是我"未来的孩子"的"骨头"或者"皮肤"，而我必须"喂养它。"

您是否拥有钟爱的工作场所？我跟助理们在实验室里工作。

一天里您是否在某个特定的时刻最有创意？当然如此啦。当夜深人静，只有我独自一人聆听音乐任思绪自由驰骋的时候，我最有创意。

您的调研和设计工作何时从2D平面效果转换为3D立体效果？如何进行这一转换呢？我的工作一直都是3D立体效果的。因为我一开始是在一些海湾国家的宫廷担任裁缝师，为王后和贵族们穿衣或者更准确地说为她们装扮，其中包括约旦王后拉尼娅。在创作定制服装的过程中，我也感觉有必要赋予我的设计以生命和身躯。

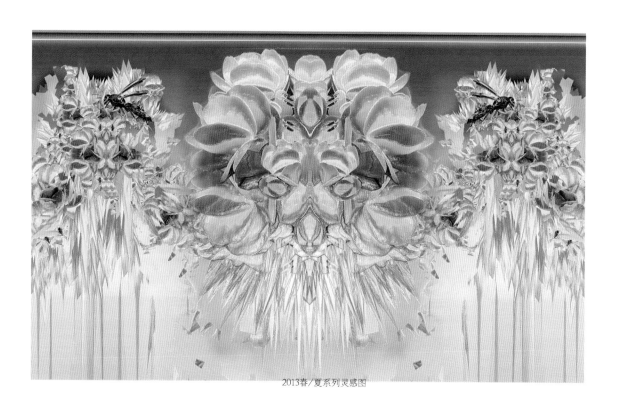

"慢稳者胜"

DUE: FEB 22

Nº19 LUXE
Four sided bag

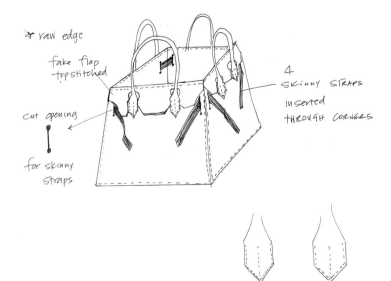

* raw edge

fake flap
topstitched

cut opening

for skinny
straps

4
SKINNY STRAPS
inserted
THROUGH CORNERS

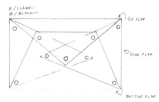

SSWTR30 15A,B
FOLDED SNAP CLUTCH
A / CLEAR
B / BLACK

TOP FLAP
SIDE FLAP
BOTTOM FLAP

SLOW AND STEADY

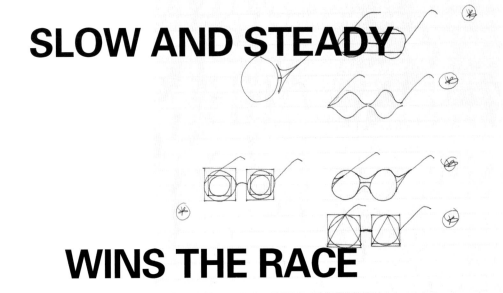

WINS THE RACE

上图："慢稳者胜""LUXE"系列四方包设计手稿
下图："慢稳者胜""更多太阳镜"系列太阳镜设计手稿

"慢稳者胜"总部设在纽约，该服装与服饰品牌旨在使用最简单、最经济的面料和材料制作出有趣且有意义的产品。

该品牌由一群年轻设计师合作组成，他们并非声名显赫，其所设计的每款式仅生产100件。该品牌的理念是让所有人有机会获得优质的设计，而且优质设计从始至终与我们息息相关。

您是否使用速写本？我会随身携带速写本，但是某个想法的诞生具有不可预测性，因此我在某刻得以触及的东西都用得上。

您如何形容自己的设计过程？对于"慢稳者胜"品牌而言，设计过程的开始总是以提取某物之精华为目的，直到该物变得强大有力且魅力十足为止。

调研在您的设计中发挥何种作用？调研工作变化多端，可以是具体的也可以是抽象的。这取决于具体的系列。调研可以依据既定标准也可以立足于历史或者当代，只用确保发现新事物即可。

您认为自己的调研属于个人的努力还是团队的合作？调研是从非常个人化的地方开始，然后微调成团队的合作。毕竟，这是我们大家穿着的服装，它们必须强大有力、有关联性，而且值得拥有。

您的设计过程是否涉及摄影、绘画和阅读？我的设计过程以文字开始，然后转为图像。

什么是您的设计过程中最令人愉快的部分？实际上，创意过程通常是痛并快乐着。一旦某个设计"够好"的时候，这个过程是获得最终解决方案的唯一途径。

什么为您的创造性提供动力？好奇心同时保持独立性是最佳的促进因素。设计方面的能人和他们的哲理永远是最棒的。

您使用何种资源作为灵感来源？您是否经常重温某些资源？所有一切都是灵感之源，包括音乐、书籍、理念想法，甚至某个谈话的话题。

在您的设计过程中不可或缺的材料是什么？纸张和无印良品0.38钢笔或者能提供清爽线条和白色空间的任何东西。

您的设计过程是否总是遵循相同的路径？"慢稳者胜"品牌遵循相同的设计路径，目的是为了看看自己在特定方向究竟能做出多大突破。

得知某个设计可行之际，是否有那么一刻，您会欢呼一声"我发现了"？这是自然。那种感觉荡气回肠，萦绕不去。最好就是多年以后我们回顾它的时候，依然能体会到同样新鲜的感觉。

您是否拥有钟爱的工作场所？处于动态的任何地方。

一天里您是否在某个特定的时刻最有创意？最近是子夜时分，从深夜到黎明和清晨之间，别人尚在睡梦之中的时候。

您是否拥有参与设计过程的团队？直到设计过程的结

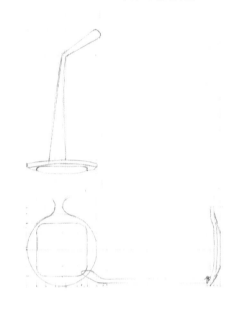

"慢稳者胜""圆方"太阳镜草图

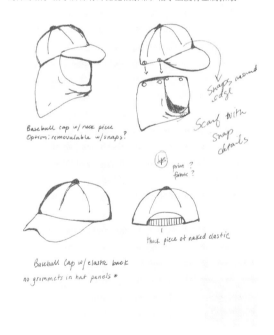

"慢稳者胜"未曾投入生产的早期草图。带有颈饰和可拆除卡扣的棒球帽。帽子后部有外露宽松紧带，帽子上没有金属扣眼

束，我们都积极参与每一个非常有创意的解决问题阶段。会有很多问题和很多的材料调研。

您的调研和设计工作何时从2D平面效果转换为3D立体效果？如何进行这一转换呢？一旦概念足够强大，我们就从2D转向3D。寻找有意思的材料是非常棒的起点。

斯巴斯特
SPASTOR

西班牙品牌斯巴斯特的设计师双人组合由塞尔吉奥·巴斯托尔·萨尔塞多（Sergio Pastor Salcedo）和以实玛利·阿尔凯纳（Ismael Alcaina）组成。1995年，他们受委托在巴塞罗那参加一场时尚活动，推出了首个女装系列。2005年，他们在巴黎展示了名为"男人之王"的首个男装系列。这个设计组合与很多不同的艺术家进行合作，其中包括摄影师丹尼尔·里埃拉（Daniel Riera）和艺术家琼·莫雷（Joan Morey）。

斯巴斯特的设计工作室

他们的服装表现干净中性的色调和线条明晰的剪裁技巧，对比例和合体性进行各种尝试。该品牌也成功地转入男装和女装的明确发展方向，因为对于服装而言，不管是男装还是女装，都能平衡两性之间的张力。他们采取现代化的方法使用面料，简洁瘦削的廓型塑造了傲气高贵、充满现代感的服装。

您是否使用速写本？我们都不能把它称之为速写本，因为我们把每个系列的所有材料归档保存，包括照片、歌曲、手稿（不论是否成为系列的最终组成部分）、技术图纸和样品。

您如何形容自己的设计过程？也许可以形容为"杂乱无章"。

调研在您的设计中发挥何种作用？这取决于具体的系列。取决于我们在寻找的东西。有时候调研过程重在织物，有时候则侧重于纸样和廓型，还有时侧重于缝制工艺。我们总是没有足够的时间对所有的这些方面进行深入探究，但我们倾尽所能，尽力去做到最好。

您认为自己的调研属于个人的努力还是团队的合作？因为我们俩一起共事，所以肯定是团队的合作，但是调研同时也是非常个性化的一件事。

您的设计过程是否涉及摄影、绘画和阅读？有时候我们拍摄照片和录像来记住一些事情或者记录某个过程。当然，我们会绘制很多画稿，包括廓型、细节或者某件服装，也会阅读服装制图方面的经典书籍，还会使用面料或者印花进行工作。

什么是您的设计过程中最令人愉快的部分？我们非常享受设计过程和调研过程，但最让人沮丧失望的是做出了重大发现却因为没有工具或设施无法对其进行开发，或者无法按照我们的设想进行操作。

什么为您的创造性提供动力？我们喜欢费利佩·萨尔加多（Felipe Salgado）所说的话，我们的服装系列是我们最私密的未完成的百科全书，记录了我们未解的谜团和

恐惧担心……是对我们的个性支离破碎但始终如一的反映，把时装表现为一种不确定的相对真理……并满足内心需求。

您使用何种资源作为灵感来源？我们生活中的所有一切，包括我们的感觉、欲望、强度、情感、记忆、气味和立场，有时候感觉就像是自己独有的电影或者在大众场合赤裸着身子的人。

在您的设计过程中不可或缺的材料是什么？各种各样的钢笔、铅笔、画笔、蜡笔、纸张和笔记本。最近，我们爱上了飞龙牌画笔。

您的设计过程是否总是遵循相同的路径？就我们而言，绝非如此。

得知某个设计可行之际，是否有那么一刻，您会欢呼一声"我发现了"？有点，但设计总是有需要改良的地方。

您是否拥有钟爱的工作场所？我们工作室的藏书室。

一天里您是否在某个特定的时刻最有创意？晚上，但仅仅是因为晚上没有响个不停的电话铃声，没有打扰我们的紧急事务，没有工作室或者大街上别的噪音……所拥有的只是宁静和黑暗、音乐和我们自己。

您的调研和设计工作何时从2D平面效果转换为3D立体效果？如何进行这一转换呢？我们并非只有一种工作方式。有时候这种转换发生在我们根据草图决定纸样和制作坯布原型的时候。但有些时候，我们反其道而行之，通过制作坯布原型，我们可能会找到设计其他服装的方式或者有可能这是一个起点；又或者我们直接在人体模型上拿布料进行立体设计。

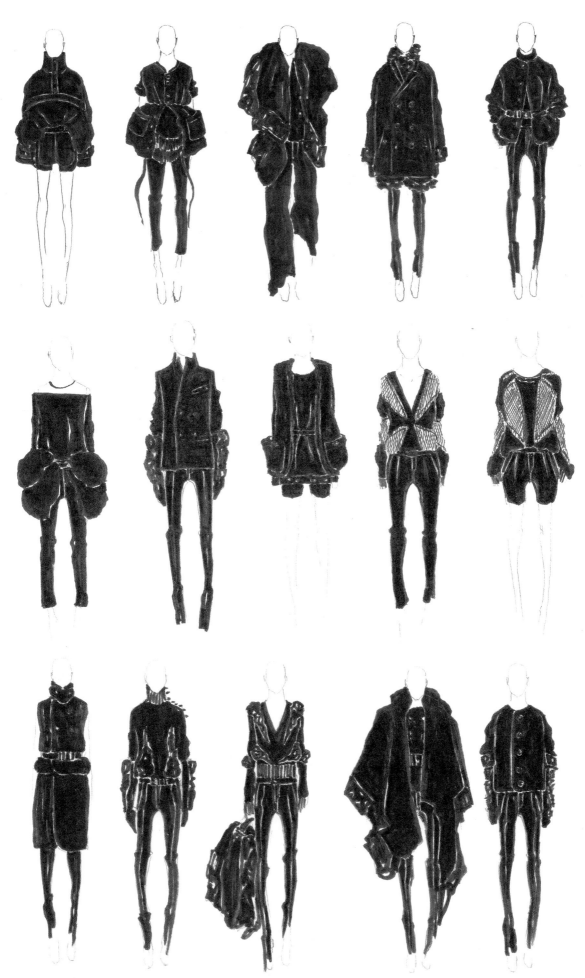

上图：2008春／夏系列设计手稿；中图：2008春／夏系列设计手稿；下图：2007/08秋／冬系列设计手稿

斯黛芬·琼斯

STEPHEN   JONES

2011春/夏系列帽子设计手稿，灵感来自玛丽恩·亚当斯（Marion Adams）的画作

斯黛芬·琼斯从事帽子设计25年多，被认为是当代女帽业最伟大的创新者之一。在中央圣马丁艺术与设计学院学习后，他于1980年在伦敦的考文特花园开办了首家女帽沙龙。

琼斯将自己的审美感定义为"潇洒幽默"，将英式感与创意帽子设计的国际理念融合在一起。他运用现代材料，创造了各式各样的产品，有美丽而精致的，也有异想天开型的。

左图：玛丽恩·亚当姆斯的画作《后果》，绘于1946年。苏格兰现代艺术国家美术馆藏；右图：2011年春/夏系列

琼斯的帽子为许多令人难忘的大型服装秀做出了贡献。他被视为帽子制作工艺的天才，所推出的作品具有现代性，反映了当前的时代精神。他推出的具有开创性的设计作品，不断地质疑当代帽子的设计并努力突破可接受性的界限。琼斯说："我太快就觉得无聊，当不了完美主义者。"他致力于帽子设计的革新，对当代时尚产生了重要影响。

您如何形容自己的设计过程？我的调研永无止境，实际上是一个真正的过程，并没什么"我发现了"的惊喜时刻。每天我都得殚精竭虑地想出新主意，因为我不仅仅设计自己的系列产品，也在为很多人工作。

调研在您的设计中发挥何种作用？我以某种方式为某个设计季获得一个主题或者一个奇思妙想，然后对其进行拓展。这奇思妙想可以是随便什么东西，也可能是受到了随便什么东西的灵感启发。

您的设计过程是否涉及摄影、绘画和阅读？我一直在买书，仔细阅读并扫描图片。通常都是时装方面的书籍，但也可能是关于任何内容的书。上大学的时候以为要用所有的时间进行设计，而在现实中，我的确是把所有的时间都花在设计上。因为我一直在思考有关设计的问题。

您是否使用速写本？我记得上大学的时候导师们总是说要随时准备速写本，而他们说得真的一点没错。我有一个本子，无所不用，设计任何系列都会用到它。大概一个月用一本。到月末的时候我会仔细翻阅上面的内容，并从中选取重要资料，然后在外面贴上标签归档。开始某个系列的设计工作时，我会回头再去翻阅速写本，里面有数不胜数的图像或者文字笔记，我可能会用上它们。再次翻阅的时候会用大红色荧光笔重新描绘。然后将它们展示给我的助手，助手也给我展示一些草图，然后我们一起集思广益，开发思路。接着我们对一切进行重新审视并修改理念和想法。

您的调研和设计工作何时从2D平面效果转换为3D立体效果？如何进行这一转换呢？当我们共同努力获得完善的草图后，我们会开始制作坯布原型，然后我们会设定试戴帽子日，这是我从约翰·加利亚诺那里学来的一招。跟我共事的女孩子们会试戴帽子，我们一起看看哪些帽子效果不错，哪些差强人意。这是一个非常有趣的过程，那些效果不错的有一种直接性和简单性。之后，我们就可以对效果不错的设计方案进行改进。我常常在设计师们面前制作帽子。我可以用特别的方式抓握面料，用三言两语解释一下帽子该怎么做。这有点像边讲边绘制3D立体草图和用多媒体绘图，所以最重要的是沟通。

在您的设计过程中不可或缺的材料是什么？我必须能够在信封的背面绘制草图。通常我用铅笔或者圆珠笔绘图，但用什么并不是特别重要。如果我要把所绘草图交给与自己共事的设计师们过目，我会用手机拍照或者扫描画稿，然后立即用邮件发给他们。这是一瞬间的事情。

您是否拥有钟爱的工作场所？随便在什么地方绘制草图都可以。

一天里您是否在某个特定的时刻最有创意？绝对是早晨。我早上五点起床，六点半或者七点开始绘制草图。早晨，头脑清醒，心灵因一夜安眠而纯净自然，我的生活也没有白日里纷繁思想的负担。

您认为自己的调研属于个人的努力还是团队的合作？我的调研更多地属于团队的合作成果。尽管由我个人提出主要的思想理念，立体剪裁的师傅也会将他们的理解注入到设计中。

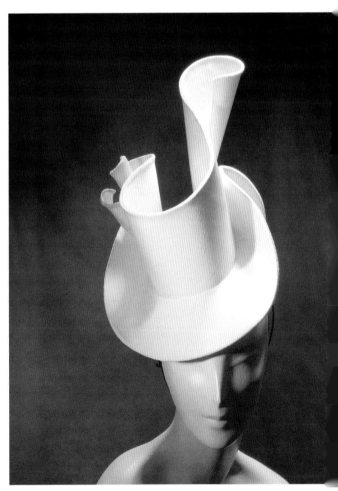

2011春/夏系列《水域宽广1940》帽子设计手稿

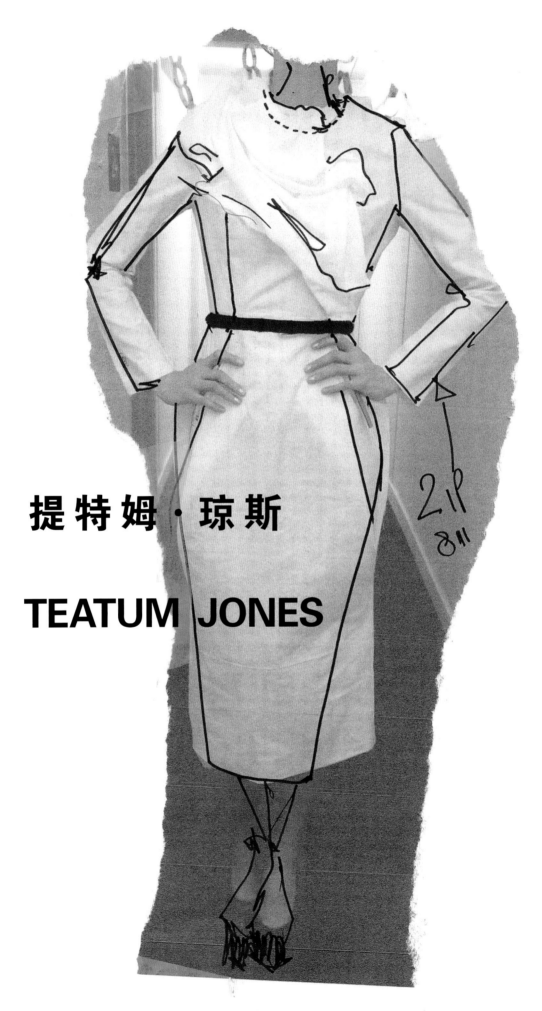

提 特 姆 · 琼 斯

TEATUM JONES

提特姆·琼斯品牌的总部设在伦敦，设计师凯瑟琳·提特姆（Catherine Teatum）和罗伯·琼斯相（Rob Jones）相识于米兰，当时他们都为约翰·里士满品牌（John　Richmond）工作。2010年9月首次推出了他们的处女作。他们侧重于时装背后的人类学和心理学，对浪漫和悲剧的想法深深着迷。他们首次推出的2011春/夏系列获得了巨大成功，受到众多名流和时尚偶像的追捧，包括歌手安妮·伦诺克斯（Annie Lennox）、弗洛伦斯·韦尔奇（Florence Welch）和演员奥利维亚·巴勒莫（Olivia Palermo）。

2012年春/夏系列工作室内的立体剪裁

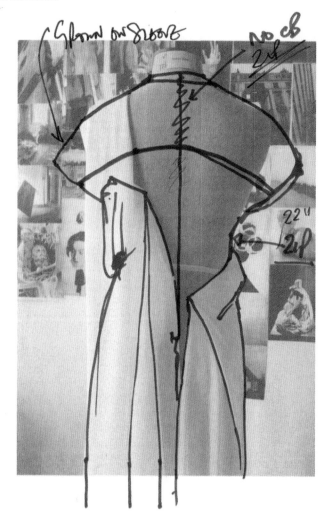

　　提特姆·琼斯品牌的服装浪漫温情，女人味十足，但不过分表现女孩腔调，其设计初衷是表现现代精致优雅的典型。他们的服装探索了由结构与流畅性形成对比的时髦外观。关键的元素包括着重突出肩部和超大廓型。服装通常由精致的丝绸制成，其飘逸的衬衫连衣裙和短裙探究了男子汉气质和女性主义之间的差异。作为一个前卫的品牌，提特姆·琼斯却采取了精致的手法制作现代女装。

您是否使用速写本？我们的速写本上常常满是照片、报刊文章、写有设计想法的小纸片、布片或者吸引我们注意力的色彩。它们是思想自由流动的过程，最后会引向整个系列故事的开发。速写本清清楚楚地展示了我们头脑的工作方式以及我们对什么感兴趣。速写本同时是我们与自己和彼此进行的直观对话，因为我们各自携带速写本，但最后会在速写本墙上将它们融合在一起。

您如何形容自己的设计过程？我们俩对设计采取直观的手法，但同时我们的条理性、逻辑性和结构意识都很强。我们深深着迷于人类的行为以及对引发情绪的状况作出的反应，并把这个描述成设计的人类学手法。说到系列设计，我们的手法几乎像演技派演员。提特姆编写剧本，琼斯制作剧目表，然后我们一起为女性提供一个故事剧本、场景、情绪、灯光等。从此之后，我们开始处理廓型、剪裁、印花和制作。

调研在您的设计中发挥何种作用？调研起着不可思议的重要作用，没有调研，系列就会没有灵魂或者真实性。一旦当季的画册成形并完成拍摄工作，我们就开始寻找下一季的"感觉。"开始工作时，我们常常与彼此和身边人的进行交流，用日记的形式记笔记，观察面料在人身体上的动感，观察特定的廓型或者款式线条如何能看上去既有新鲜感又有关联性，也会观察人们彼此之间的互动。随后，我们找到想要观看的特定影片、想要聆听的音乐、需要阅读的书籍、需要接触并进行试验的色彩和面料。调研的开始很大程度上就是对那种"感觉"的深入检验。

您的设计过程是否涉及摄影、绘画和阅读？我们的设计过程总是涉及阅读、电影、音乐、照片和图画，而且还常常按照这样的顺序进行。创造背景故事时，我们使用不同克重的面料进行立体剪裁。这取决于我们想要获得雕塑感的硬朗形状，还是具流畅感的形状。随后就是进行大量的拍摄工作，从不同角度记录架子上的作品，这样我们就可以快速了解什么效果不错，什么完全没用。接着我们会冲印成百上千张照片。在照片上直接绘图，将它们剪切成片，然后用它们制作拼贴图，对特定位置的立体剪裁尺寸大小效果进行各种尝试。可能有某个立体效果的想法不错，但是我们会看看将其按比例扩大5倍的效果。基本上，我们以2D形式处理3D效果。然后我们回到3D形式，重新处理这些理念。设计是一个不断编辑和改进的过程。

什么是您的设计过程中最令人愉快的部分？我们真心实意地享受着设计的全过程。

什么为您的创造性提供动力？工作链的顶端是理念、故事，它把我们引向当季人物角色和主人公的塑造。这个核心理念成为我们设计系列其他元素的轴心点，包括廓型、秀场音乐、活动时提供的饮料和我们印制新闻稿的纸张。

在工作室内为2012春/夏系列制作立体剪裁

您使用何种资源作为灵感来源？您是否经常重温某些资源？跟人们相处的日常经历、我们跟别人的互动方式、照片、电影、文学、色彩、音乐、美丽的事物、展览会、跟别人的谈话、面料和服装制作技巧。

在您的设计过程中不可或缺的材料是什么？充足的日光、面料、用来进行立体剪裁的人体模型或者真人模特、照相机、打印机、削尖的2B和8B铅笔、记录所有工作的速写本、画图纸、水彩和潘通笔。

您的设计过程是否总是遵循相同的路径？唯一完全一致的是我们总是在同一刻感受到下个系列的情绪，即当季系列时装画册的照片拍摄完成之后。

得知某个设计可行之际，是否有那么一刻，您会欢呼一声"我发现了"？当我们的面料、印花和廓型的开发以及色彩开始在我们的头脑中和"速写本墙"上逐渐成形，而且早在制作任何样品之前，我们就能十分清楚地想象整个系列的样子，此时，我们总是会经历"我发现了"的欢乐时刻。

您是否拥有钟爱的工作场所？我们有两个工作室，一个设计工作室，一个技术开发工作室。目前，我们钟爱的工作场所是设计工作室，因为那是所有创意工作和商务决策的中心，是完完全全独属于我们的空间。那里的陈列布局完全以设计墙为中心，与工作室的宽度相当，就像一个处于工作状态的速写本墙。

一天里您是否在某个特定的时刻最有创意？我们肯定是早上最有创意，通常早上七点开始工作，一直干到九、十点钟。

您是否拥有参与设计过程的团队？试穿工作是设计过程不可分割的部分，其重心放在"编辑和改良"上。在试穿阶段，我们会邀请业务总监和品牌总监以及造型设计师到场。在整个设计季，我们也邀请不同的女士们来参观工作室，她们也不时出席我们的试穿活动。在设计的不同阶段，所有这些人成了我们团队的宝贵成员。

您的调研和设计工作何时从2D平面效果转换为3D立体效果？如何进行这一转换呢？调研和理念常常直接转换成架子上"使用面料描绘草图"的3D立体形式。这个平面向立体的转换发生在我们在架子上对廓型的理念进行立体剪裁的时候，此时我们调研、阅读和讨论过的东西开始以3D的形式呈现。

2012年春/夏系列初始手稿

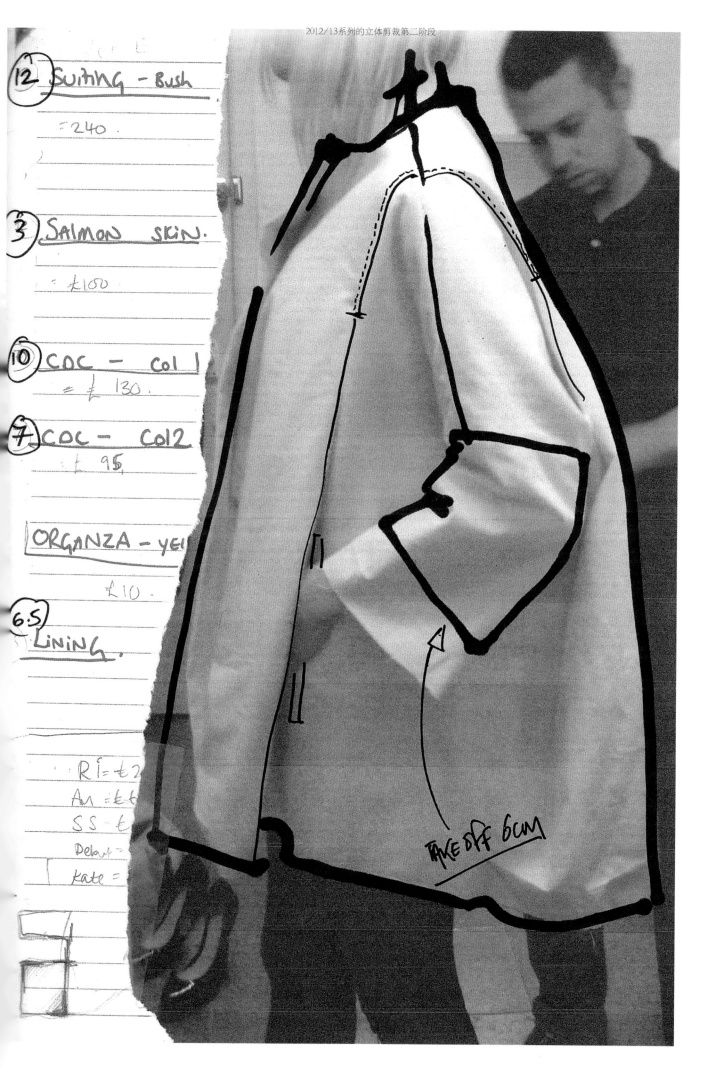

(12) SUITING - BUSH

= 240.

(3) SALMON SKIN.

· £100.

(10) COC - Col 1
= £ 130.

(7) COC - Col 2
£ 95.

ORGANZA - YEL

£10.

(6.5)
LINING.

R¹ = £2
AM = £
SS = £
Debut =
Kate =

TAKE OFF 6CM

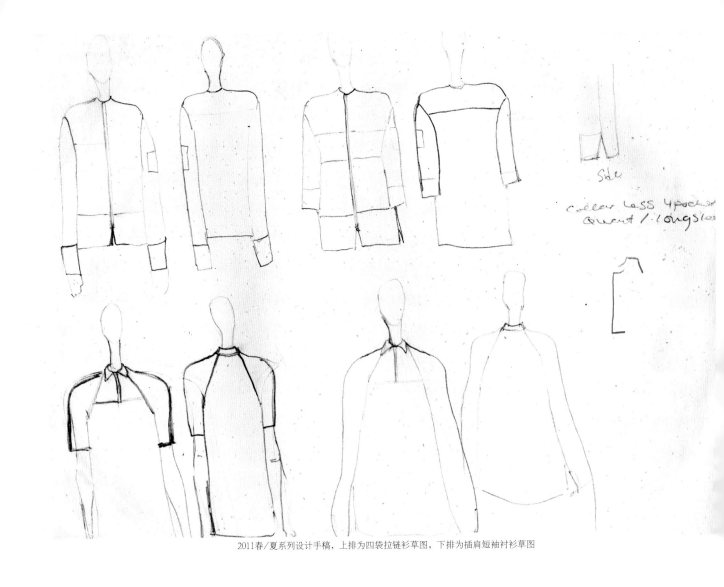

2011春/夏系列设计手稿，上排为四袋拉链衫草图，下排为插肩短袖衬衫草图

特尔法　　TELFAR

特尔法·克莱门茨的父母是利比里亚人。他出生于纽约皇后区，5岁时迁至利比里亚。第二次利比里亚内战爆发后，一家人又回到美国。2002年，特尔法以雄心勃勃的模特和设计师身份前往纽约，2003年他开始创作自己的服装系列。通过解构和重组古旧服装，克莱门茨开始在纽约下东区和伦敦索合精品店出售自己创作的产品。他的目标是设计功能性服装。2004年他进入大学攻读商业学位并推出名为"特尔法"的时装品牌。作为当红的模特和男装品牌Cloak重要的代言人，克莱门茨开始在这个品牌实习，在那里，他对时装业有了更多的了解。"特尔法"品牌以舒适的街头时尚和艺术复杂性原则为基准，其设计的服装男女皆宜。

2011春/夏系列叠层裤和露膝贴身口袋工艺细节手稿

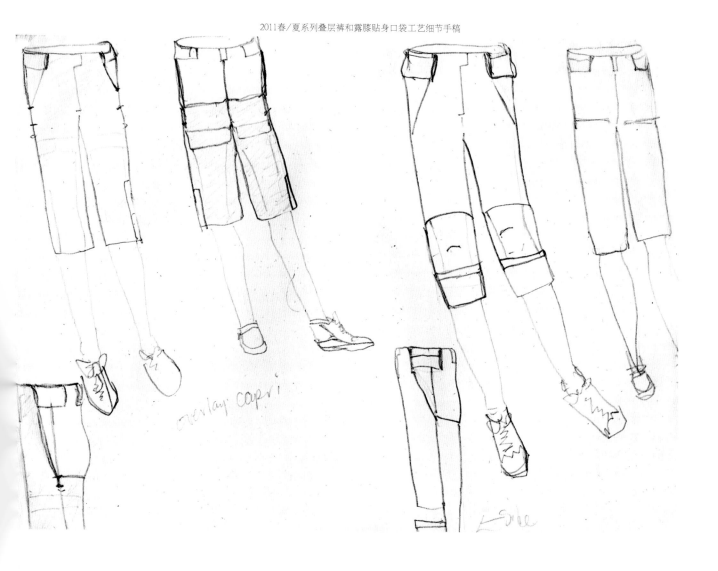

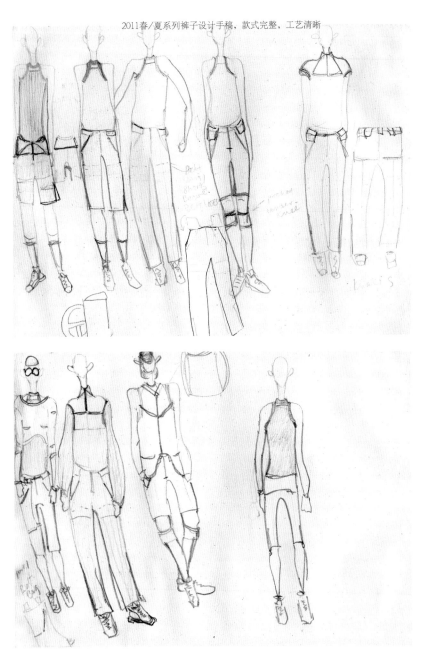

您是否使用速写本？最普通的笔记本就行了，要是没有线条就更锦上添花了。

您如何形容自己的设计过程？我的设计过程大多基于个人需要和兴趣，依时装季节而定。我会考虑过去的设计以及它们之间的相关性。

调研在您的设计中发挥何种作用？调研之所以重要，是因为时装是一个心理过程，很多思想漫游于数十年间和多个设计师之间。我尽力不去重复或者模仿任何主题。创造具有鲜明时代性的新颖服装非常重要，人们渴望的服装应适合自身的现时需要和生活方式。

您认为自己的调研属于个人的努力还是团队的合作？我觉得应该是两者兼而有之，在某些情况下，反馈非常重要。

您的设计过程是否涉及摄影、绘画和阅读？手绘十分重要。我孜孜以求地就是让最终完成的设计尽可能符合草图方案。

什么是您的设计过程中最令人愉快的部分？最开心的就是看到完工的样品，不喜欢的部分就是等候样品完工。我真希望能根据草图直接打印服装。

什么为您的创造性提供动力？我的灵感来源多半是之前的系列设计以及将它们运用于未来系列之中的方式。重温某个系列，或者设计一个新的系列能让我受到灵感启发，这个系列将某个特定主题在我的初衷基础上往前推进。

您使用何种资源作为灵感来源？您是否经常重温某些资源？有时候就是我身边的大环境。世界上正在发生的一切对我而言都非常重要。

您的设计过程是否总是遵循相同的路径？通常这是一个不断淘汰筛选的过程。重点一直放在确定什么设计方案重要以及保留重要设计方案上。

您是否拥有钟爱的工作场所？家里。

一天里您是否在某个特定的时刻最有创意？大多数时候是在清晨，或者深夜。

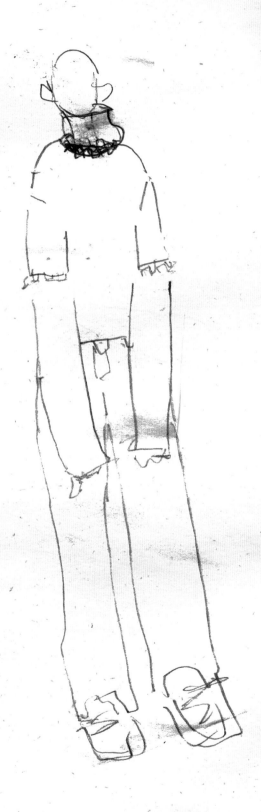

桑姆·布郎尼

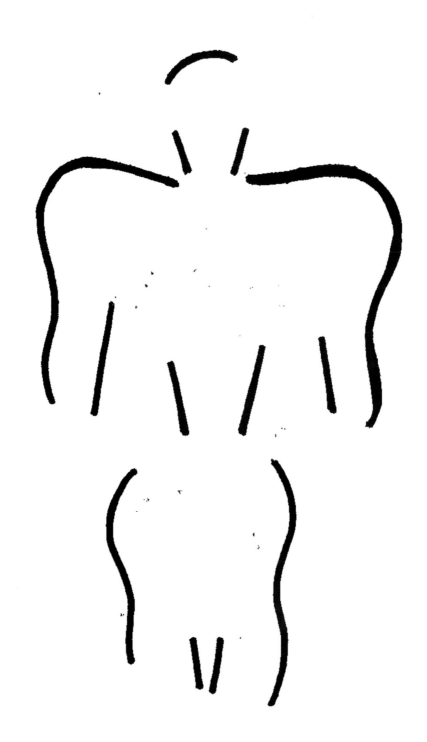

THOM BROWNE

桑姆·布郎尼2012秋/冬男装系列设计手稿，黑色墨水纸上作画美国设计师桑姆·布郎尼从小在在宾夕法尼亚州艾伦镇长大，随后在印第安纳州圣母大学求学，毕业时获得经济学学位。1997年移居纽约，在乔治·阿玛尼（Giorgio Armani）公司的展厅担任推广员。

　　随后，他应拉夫·劳伦（Ralph　　Lauren）集团旗下高端都市品牌"摩纳哥会馆"的邀请领导其创意开发团队。他也曾以同样的身份供职于拉夫·劳伦。他在"摩纳哥会馆"工作数年，担任其设计部的负责人并于2001年推出自己的个人品牌。

桑姆·布郎尼2012秋／冬女装系列展示会的一张后台照片，丹和柯琳娜·雷克拍摄

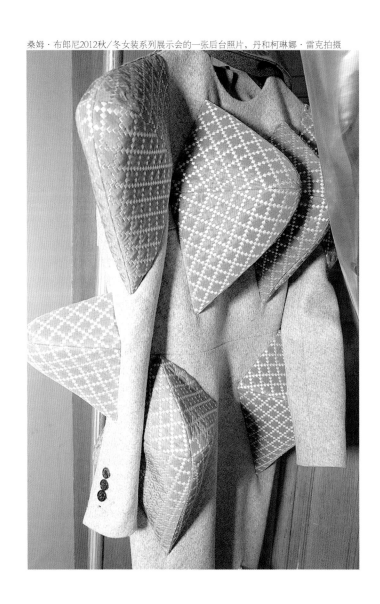

　　布朗尼是2006年3月美国服装设计师协会时尚大奖（CFDA）最佳男装设计师获奖得主，2008年11月获得《智族GQ》杂志的年度设计师奖。他经常被称为美国时尚搞怪者，因为他的时装表演就是戏剧性的娱乐。他的标志性服装是长及脚踝的长裤和超贴身廓型。直筒夹克、无袖运动上衣和束带大衣都是在传统男装上进行改变，设计对象为在着装方面前卫的男士。

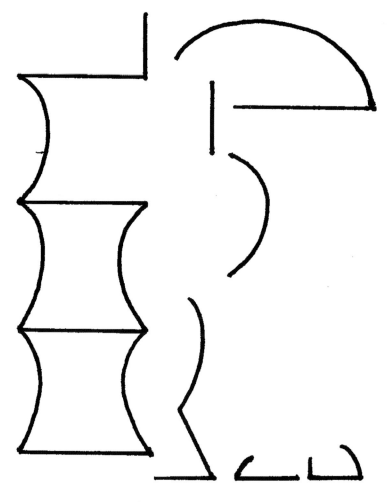

... A CINDERELLA STORY ...

...WELCOME...
...ET BIENVENUE...

您是否使用速写本？草图都在头脑中，我用想象力绘图的能力不错，但是动手绘画的能力就不咋样了。

您如何形容自己的设计过程？每个季节都不一样。调研过程的起点有时候是一个理念，有时候是一种面料，甚至有可能是时装发布会的场地。

调研在您的设计中发挥何种作用？调研在我的设计中起的作用不是特别大。我觉得创新的过程中调研可能会束手束脚。

您认为自己的调研属于个人的努力还是团队的合作？纯属个人。

您的设计过程是否涉及摄影、绘画和阅读？三者都有，还包括电影和真人，不过很少直接对其进行参考与借鉴。

在您的设计过程中不可或缺的材料是什么？我的设计过程主要是在头脑中进行。

什么是您的设计过程中最令人愉快的部分？全过程。

我享受创造服装系列的所有方方面面。我喜欢挑战，而每个系列都有截然不同的挑战。

什么为您的创造性提供动力？我的头脑。

得知某个设计可行之际，是否有那么一刻，您会欢呼一声"我发现了"？有很多这样的时刻。通常，当某个设计让我感觉有点坐立不安的时候我就知道它可以了。

您是否拥有钟爱的工作场所？在家里或者在飞机上。

一天里您是否在某个特定的时刻最有创意？一天中的任何时间。

您是否拥有参与设计过程的团队？他们帮我实现头脑中的理念和想法。

您的调研和设计工作何时从2D平面效果转换为3D立体效果？如何进行这一转换呢？有时候我的设计工作直接转换成3D立体效果。

三宅一生 品牌的宫前义之

YOSHIYUKI MIYAMKE for ISSEY MIYAKE

2012春/夏 "绽放之肌肤" 系列的主题板之一

三宅一生于1970年创立三宅设计工作室。他的初衷是挑战服装的传统理念，并探索身体和面料之间的关系，体现一种现代的自由思潮。三宅"退居二线"后，藤原大（Dai Fujiwara）接过三宅的衣钵并于2006年被任命为创意总监。

宫前义之于2011年接任创意总监。他毕业于东京文化服装学院，2006年首次加入三宅一生的团队。接任创意总监时，他说道："每当我想到三宅一生，我想到的是一个不停发展的一个品牌，它一直致力于创造超越人们想象力的产品。"

宫前探索了三宅的服装理念：功能性、舒适性和耐穿性。休闲和高科技的混搭是三宅的特征，而宫前完全尊崇这个理念。他启用非传统的织物，没有墨守成规地处理廓型，这与三宅品牌的风格和谐一致。对他来说，进一步发展这个品牌是关键所在，而他对色彩和服装造型富于青春活力的态度实现了这一点。

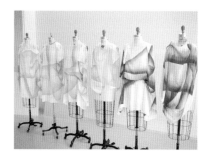

您是否使用速写本？我有一本普通的速写本，随手记下一种想法或者绘制一些草图。记备忘录或者图片的时候，iPhone的用途很大。基于这些资源，我制作图像板和团队分享我的想法。

您如何形容自己的设计过程？我与三宅一生团队通力合作，确定当季主题，在对工厂和区域进行调研的同时，根据主题调研裁剪和款式。在设计过程中，调研最为重要，我们要找到与之合作制作新产品的人，开发新颖材料并与熟练技工们一起进行试验。

调研在您的设计中发挥何种作用？在调研过程中，图像会自然而然地浮现出来，并将我引向奇妙的设计。而多次重复这个过程最终形成一个系列。设计本身并非最重要，最为重要的是材料。我们要时刻保持敏锐，通过搜寻探索新材料来寻找设计新过程。

您认为自己的调研属于个人的努力还是团队的合作？对我们来说团队合作最为重要。重复试差法让我们明白如何更好地进行团队合作，这已经成了我们的动力。

您的设计过程是否涉及摄影、绘画和阅读？虽然文化的方方面面，包括艺术，都对我的设计产生了影响，但在寻找灵感的过程中，我很少将二者直接相连。日常生活中的所有一切都会给我留下深刻印象。对我某个具体艺术产生纯粹的兴趣并感觉内心受到触动的时候，我的价值观或者审美观会发生改变，然后它就会发展成新的设计理念。

什么是您的设计过程中最令人愉快的部分？作为一名设计师，我会通过参观工厂将三宅一生的设计方案与手工艺人们的高超技巧结合起来，能有机会与他们产生这样的相互影响，对此，我非常开心。

什么是您创造性的推动力？我总是会考虑女性的生活方式。与10年前相比，女性在社会中的角色，不论是工作、家庭还是休闲，都已经发生了彻底的改变。而且在以后的10年中，这种变化可能还会继续下去。我愿意一如既往地进行细致观察，看它们如何随着社会的发展而发展，并坚持不懈地制作适合当今社会潮流的服装。

您使用何种资源作为灵感来源？您是否经常重温某些资源？自然界里五花八门的形状总是超越我们的想象力，也常常让我深深着迷。花朵飘渺空灵的透明度下蕴藏着如此强大的能量，令我为之倾倒。这就是为何2012年春/夏系列被命名为"绽放之肌肤"的缘故，为的是用花朵的色彩和质地优美地展示女性肌肤。实际上，我不仅仅从活脱脱的天然花朵中获取灵感，像乔治亚·欧姬芙（Georgia O'Keeffe）《百样花》中那样手绘的花朵也给予我以启发。

在您的设计过程中不可或缺的材料是什么？当我在工作室或者工厂触摸面料或者跟技术人员和员工们交谈的时候，好主意会在我脑中浮现。为了抓住机遇，我总是随身携带便条簿。实际上，我对工具没有明确的偏好，但我非常看重表现良好动感的材料。

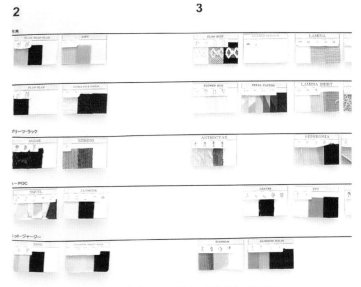

2012年春/夏系列带有面料小样的设计规划

您的设计过程是否总是遵循相同的路径？从"一片布料"（A-POC项目）的理念，我学会了如何如何选取线纱，将其织成布料并制成服装。三宅一生和藤原大教导我不要把我们所做的一切看成理所当然的，而应该将为每一个客户奉上产品的责任视为我们的使命。我希望能追寻奇妙的材料或者廓型，并创作新颖的服装，让它们得以提升人们的生活和心灵。

得知某个设计可行之际，是否有那么一刻，您会欢呼一声"我发现了"？这个时刻实在罕有，但是在每个系列里的确有那么一两次。好主意就像闪电一样划过我的脑海。虽然每次要把那个主意转换成实际的设计都是困难重重，但是攻坚克难并最终制成精彩服装的经历非常有意义。

您是否拥有钟爱的工作场所？因为我珍爱放假的时光，所以，对我来说，没有比办公室里的工作室更好的地方了。

一天里您是否在某个特定的时刻最有创意？我最有创意的时间是清晨，别的员工尚未开始工作的时候。环境非常安静，没有电话铃声干扰，也没有人声鼎沸。

您是否拥有参与设计过程的团队？包括设计师和打板师，我们一共二十来个人。每个专家能手都独立开展工作，但是我们都为同样的目标努力。

您的调研和设计工作何时从2D平面效果转换为3D立体效果？如何进行这一转换呢？尝试多种材料并最终选定织物后，我们的设计方向业已确定。然后我们在身体上为坯布原型制作纸样。完成一件服装要进行无数次试穿。

上图：宫前义之2012春/夏系列设计的手稿；
下图：技工从一架机器上取下印花布料，宫前义之在京都的工厂内检查印花质量

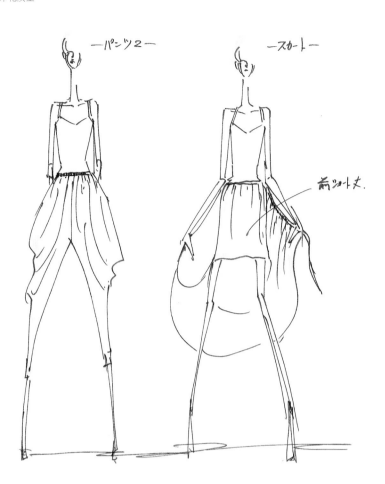

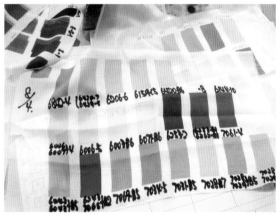

致谢

衷心感谢所有时装设计师和他们的团队给这本书提供的支持，是他们慷慨地提供原创作品和未发表的手稿，同意记录他们的创作过程并抽出宝贵时间接受采访。有机会接触他们的手稿、速写本、工作流程、档案、设计工作室和幕后的工作是无上的荣幸。

感谢出版社所有工作人员以及支持本书的团队，特别要感谢苏菲·韦爱丝和海伦·罗切斯特。最后，再次感谢林赛·梅优秀的组织能力和白博思出色的艺术指导。

编 者